装配式建造技术前沿丛书

高速铁路装配式桥梁
智慧建造一体化关键技术及应用

张　飞　张静晓　方中虎　编著

中国建筑工业出版社

图书在版编目（CIP）数据

高速铁路装配式桥梁智慧建造一体化关键技术及应用 /
张飞, 张静晓, 方中虎编著. -- 北京 : 中国建筑工业出
版社, 2024. 7. -- (装配式建造技术前沿丛书).
ISBN 978-7-112-30108-9

Ⅰ. U448.21

中国国家版本馆 CIP 数据核字第 2024NC4184 号

策 划 人：高延伟
责任编辑：刘颖超
责任校对：芦欣甜

装配式建造技术前沿丛书

高速铁路装配式桥梁智慧建造一体化关键技术及应用

张 飞 张静晓 方中虎 编著

*

中国建筑工业出版社出版、发行（北京海淀三里河路 9 号）

各地新华书店、建筑书店经销

国排高科（北京）信息技术有限公司制版

临西县阅读时光印刷有限公司印刷

*

开本：787 毫米×1092 毫米 1/16 印张：14¾ 字数：367 千字

2024 年 8 月第一版 2024 年 8 月第一次印刷

定价：**139.00** 元

ISBN 978-7-112-30108-9

（43065）

编委会

　　智能化是世界铁路未来的发展方向和主战场，智能建造技术的应用能够显著提升铁路建设项目的效率和质量。我国作为世界上高铁建设和运营规模最大的国家，也是高铁运营场景最为丰富的国家之一，发挥我国高铁的规模优势、数据优势、场景优势和制度优势，加速开展铁路行业的数字化、智能化建设，加快推进中国智能高铁的成体系高质量发展，对持续保持我国高铁的领跑地位具有重要意义。加大智能建造在工程建设各个环节应用，形成涵盖科研、设计、生产加工、施工装配、运营等全产业链融合一体的智能建造产业体系，统筹规划智能建造、智能装备、智能运营和模数一体化平台等领域的实施任务。发展铁路装配式是建造方式的重大变革，是推进供给侧结构性改革和创新型铁路发展的重要举措，有利于促进建筑业信息化工业化深度融合、培养新产业新动能、延伸产业链条、促进绿色发展。

　　郑济高铁是国家"中长期铁路网规划"中"八纵八横"高铁网的区域连接线，连接济南、郑州两大省会城市。郑济高铁全线贯通运营后，助力旅客"快旅慢游"。中原城市群与山东半岛城市群间的时空距离进一步压缩，双城经济圈衔接更加紧密，为沿线地区的经济发展注入了新的活力，对于推动黄河流域生态保护，促进区域经济社会高质量发展、文化交流和旅游业发展等，具有十分重要的意义。

　　郑济高铁通过实施设计、建设和运维一体化的智能化建造策略，配备感知能力与互联网互联的智能设备，打造融合综合管理与便捷服务的智能运营平台，众多创新成果在智能高铁上的应用将进一步推动铁路行业的发展。欣悉《高速铁路装配式桥梁智慧建造一体化关键技术及应用》一书即将付梓，该书以协同管理平台、数字化转型升级、智慧运架工法及装备、智慧运维为基础，结合新一代信息化技术，旨在实现桥梁智能建造及智慧服务一体化，为桥梁建造与运维的创新应用和产业生态建设提供有力支撑，切实提升我国高速铁路桥梁建造在国际上的核心竞争力。是为序。

中国工程院院士

前　言

当前装配式桥梁建设进入迅猛发展时期，大多以"智慧"为切入点、以扩大新技术应用催生新的应用场景为前提。为落实"数字中国""质量强国"《国家综合立体交通网规划纲要》以及《"十四五"现代综合交通运输体系发展规划》等要求，中国国家铁路集团有限公司（以下简称国铁集团）坚持以需求为导向，全力推动贯穿工程项目全生命周期的智能建造"七大行动"——加强数字协同、生产增效、智能施工、科技赋能、平台打造、标准构筑、人才强基。作为智慧高铁 2.0 的实践先锋，国铁集团以科技创新为主导，以工程质量为核心价值，以智能建造试点为机遇，探索建立智能建造技术体系，现已在京雄城际铁路、兰张高铁、贵南铁路等工程项目中成功实施高速铁路智慧建造装配式桥梁建设，并取得里程碑式成就，创建了新时代高铁建设的标杆和典范。

郑济高铁作为国家规划建设中"八纵八横"高速铁路网的重要组成部分，是中原城市群与山东半岛城市群间联系的快速客运通道，是河南"米"字形高铁网的"最后一笔"，也是山东"四横六纵"综合运输通道的组成部分。国铁集团以郑济高铁项目的智慧建设为起点，坚持研发与实践相结合，将技术成果快速转化为现实生产力，致力于推动装配式桥梁一体化关键技术及应用，最终形成一条涵盖研发设计、预制、安装、检测验收、养护维修的完整产业链。国铁集团创新性地提出了装配式桥梁智慧建造一体化关键技术的施工工艺，形成了适应地方特色的装配式桥梁智慧建造的制度体系、技术体系、生产体系、建造体系与监管体系，打造了一支研发能力强、掌握核心技术、具有自主创新能力的领军团队，这对于技术研发、成果转化、项目实践都有一定的引领示范作用。

本书立足郑济高铁在濮阳至省界 PJSG-Ⅰ 标段的预制墩场、预制梁场、检验批、现场施工管理四个层面，从概述篇、技术篇、管理篇、平台篇、经济篇对装配式桥梁智慧建造技术进行了理论性阐述、实践经验总结及技术应用推广。其中，第一篇为概述篇，包括第1章与第2章，对该书的研究背景、研究内容、研究方法以及国内外相关研究进行了叙述，同时对涉及的郑济高铁在濮阳至省界 PJSG-Ⅰ 标段项目的基本情况进行简要介绍。第二篇为技术篇，包括第 3 章，针对桥墩传统加工生产质量参差不齐、桩基施工土壤抗压承载力差、现浇混凝土拼接工期长、箱梁安装人力成本高等问题，创新性地研发了高速铁路桥墩自动化预制施工技术、管桩静压引孔沉孔施工技术、节段拼装造桥机拼装技术、箱梁运梁

V

架梁施工技术等关键技术。第三篇为管理篇，包括第 4 章与第 5 章，通过集成 BIM、移动应用与物联网、云计算、大数据等新技术，有机串联施工生产管理任务，基于数据动态管理系统、协同设计与施工平台以及移动端监测与管理应用等模块的有机组合，实现了预制桥墩、箱梁、预制场、施工现场的数智化管理。第四篇为平台篇，包括第 6 章与第 7 章，以云计算、物联网等多种技术融合为手段，形成以智慧建造生产管控、智慧梁场、智慧墩场及检验批为核心的智慧建造系统平台，囊括了从前端感知到终端应用的完整数据链，确保了设计、生产、运营各环节之间的信息共享和协同。第五篇为经济篇，包括第 8 章与第 9 章，基于全生命周期成本理论与智能精益建造理论，从经济、社会、环境三个层面构建智慧施工成本管理运行体系，进而对装配式桥梁智慧建造的综合效益和增量效益进行评价。最后，第 10 章对装配式桥梁智慧建造技术的应用与推广进行了总结。本书将进一步推动两端省会城市作为"中心城"的辐射带动作用，使得横跨华东、华中地区的高铁主骨架由"交通走廊"转化为"经济走廊"的历程更加鲜明，产生的联动和示范效应也将为"交通强国""桥梁强国"政策提供重要支撑。

本书研究的内容得到国家自然科学基金重大专项（NO.71942006-4）、国家社会科学基金（NO.20BJY010）、陕西省社科基金（2023R001）、中国国家铁路集团有限公司科研开发计划项目（K2023G003）、中国中铁科研开发计划项目（2020-重大-07，2021-重大-05-01，2021-重大-10，2024-重点-07）、中铁工程设计咨询集团科研开发计划项目（研 2020-12，研 2020-5，研 2023-5）的支持。在编写过程中，广泛收集了郑济高铁工程建设与管理的文献资料，多方面、多层次现场访谈了广大建设者，汲取了他们的知识和经验，特此向他们致以崇高的敬意。

本书可供交通工程建设人员借鉴和参考，包括高速铁路建设及管理人员、工程技术人员、高等院校相关专业师生和研究人员，也可为其他大型基础设施建设和大型工程的建设管理提供理论借鉴和实践参考。

目 录

- 第 四 篇 平 台 篇 -

- 第 五 篇 经 济 篇 -

第 一 篇

概 述 篇

第 1 章

绪 论

1.1 研究背景与意义

1.1.1 研究背景

近年来，我国建筑业在快速发展的同时，暴露出建造模式粗放、整体生产效率低、信息技术应用少、信息流动慢和智能化程度低等问题，具体表现为建造过程中材料浪费和能源消耗严重、建设项目参建各方信息沟通不畅、建造方式和施工工艺落后等[1]。在信息技术不断更新和行业间技术交叉融合的背景下，建筑行业正面临着巨大的竞争和转型压力，寻求一种更加系统化和智慧化的发展模式成为当务之需。智慧建造是一种建立在高度数字化、信息化、工业化上的互联互通、智能高效的可持续建造模式。智慧建造作为新兴的工程建设方式，近年来已经得到业内人士的广泛关注。同时智慧建造强调将信息技术集成服务于建筑行业，将信息管理、技术应用和各方监管等工作在统一平台中实现，在建设项目全生命周期实现各参与方协同工作、信息互联互通和全过程高度智慧化的发展目标，为建筑行业在信息化潮流中的发展指明方向。2018 年，中国土木工程学会提出，智慧建造是建筑行业创新发展的时代使命，也是建筑产业可持续发展的必由之路。

新一轮科技革命和产业变革从蓄势待发到群体迸发，变革的速度、广度、深度及影响前所未有。作为引领未来的创新性技术，智能建造技术的快速更迭为铁路行业的发展注入新活力。部分铁路发达国家主动把握新技术发展浪潮，积极推进学科交叉融合，加快布局铁路数字化和智能化战略。德国推出"铁路 4.0"发展规划，法国推出"数字化法铁"项目，日本已实施智能铁路运输系统（Cyber Rail）研发计划。高速铁路是铁路现代化的重要标志，是集多种高新技术于一体的复杂系统，已在世界各国得到广泛重视。经过 10 多年的技术吸收与再创新，中国已建成世界上高铁运营里程规模最大、运营速度最高、年发送旅客最多、舒适度最好、具有完全知识产权的高铁网络，中国高铁技术站在了全球高铁市场的最前沿，并逐步引领全球高铁市场的发展[2]。2021 年 2 月 8 日，党中央、国务院印发的《国家综合立体交通网规划纲要》中提出，到 2035 年，我国高铁包含部分城际铁路，总规模将达到 7 万公里左右，建设"八纵八横"高铁主通道与区域性高铁，形成高效的现代化高铁网。高铁的发展紧密契合我国"一带一路""交通强国"的重大国策与发展战略。在新一轮科技革命背景下，高铁行业孕育着重大的技术创新需求和发展机遇，进一步提升高铁智能化水平、引领世界高铁的发展成为当前铁路领域迫切需要解决的关键任务[3]。

为满足我国绿色铁路发展需求，全预制化装配式桥梁结构得到越来越广泛的应用。目前，

3

国家正在大力推广装配式建筑，建筑业转型升级、减少施工污染、提升劳动生产效率和质量安全水平等方面需求迫切，装配式桥梁即节段预制拼装式建造技术的研究和应用逐渐增多。近年来，装配式桥梁在国内城市桥梁中大规模推广，据不完全统计建成或在建项目 20 多座，桥梁里程接近 200km，已经进入普及阶段[4]。铁路领域从 20 世纪 50 年代起，开始采用装配式桥涵并成功经受几十年运营考验，国外也有少量拼装桥涵工程。在高速铁路桥梁上部结构中，整孔预制架设及装配式 T 梁、箱梁已非常成熟，其建造模式成为国内外桥梁工厂化、工业化建造的典范，而高速铁路桥墩建造一直停留在以人工现场逐根绑扎钢筋、现场浇筑混凝土为主的阶段，人工需求量大、作业环境差、工效低、质量不高，制约高速铁路桥梁工业化、智能化建造水平的进一步提升。因此，需要开展高速铁路工程节段预制拼装式桥墩研究。

为响应国家对于智慧建造的大力推动，越来越多的施工企业已经开始将装配式建筑技术与智慧建造相结合，这使得智慧建造技术、物联网技术、信息采集技术被广泛运用到工程实践中。2012 年以来，上海、长沙、成都、广州等地已有全装配式城市桥梁项目建成。2018 年，京雄铁路固霸特大桥部分墩位采用全装配式桥梁由上海工程局负责施工，此项施工技术的成功实施，是该项技术在我国高速铁路桥梁工程建设领域的首次应用，从而掀开了高速铁路装配化追赶超越新篇章。2021 年，为进一步推动高铁装配式施工，国铁集团在新郑济铁路濮阳至省界 PJSG-Ⅰ 标整标段推行装配式建造技术。由于高速铁路桥梁装配式施工仅在京雄城际铁路应用，目前国内暂无高速铁路桥梁构件的自动化流水线生产研究。为此，面向技术现状及未来需求，亟待全面开展桥梁智能建造技术研发与实践，进一步提高我国桥梁建设水平。因此，更应该考虑如何将智慧建造技术和装配式建筑技术相结合，如何将智慧建造技术与现场施工过程相融合，进而实现施工过程智能化，达到高效、准确的智慧化施工。

装配式桥梁智慧建造一体化技术是在建筑领域的一种新型技术，是"工业 4.0"理念在桥梁建设领域的体现。这种技术是将智慧建造技术引入装配式桥梁施工技术之后，再与集成信息化相结合，实现桥梁建造全过程的一体化管理与控制。它利用数字化、自动化和智能化的手段，集成桥梁设计、施工、监测、质量控制等环节，实现桥梁的装配式生产和高效施工。此外，这种技术还可以实现桥梁的全生命周期管理，提高桥梁的使用效率和维护水平。比起传统的现场施工，装配式建造采用预制构件和模块化装配，减少了现场施工的时间和对人员的依赖，提高了施工效率和质量控制，可有效缩短施工工期，节约施工成本，并进行工程建设的后期养护，提升施工阶段的管理水平。

当下，我国无论是装配式桥梁技术，还是智慧建造技术均处在发展初期。由于其发展时间尚短，技术水平不高，设计和施工经验不足，目前对智慧建造技术的研究主要集中在房屋建筑方面，而对桥梁等基础设施方面的研究相对较少。因此，本书将装配式桥梁技术与智慧建造技术结合起来，就装配式桥梁智慧建造一体化技术进行研究。该技术是一种必然的发展方向，具有极高的理论及实践应用意义。

1.1.2　研究意义

1. 理论意义

本书以郑济铁路濮阳至省界 PJSG-Ⅰ 标段为例，充分总结国内外研究理论与方法，深入阐述现阶段高速铁路装配式施工管理所存在的问题，探讨其解决方案与发展路径，从而达到优化施工管理方式、提高建设效率的目的。其理论意义如下：

1）推动高铁桥梁建设理论创新：装配式桥梁智慧建造一体化技术研究将推动高铁桥梁建设领域理论的创新和发展。该技术涉及数字化设计、智能施工、数据管理等多个领域，需要借助先进的理论和方法来解决其中的技术难题，从而促进整个工程建设领域的进步。

2）项目管理理论与系统优化：装配式桥梁智慧建造技术的研究可以实现项目管理理论与系统的优化。将 BIM、虚拟现实、人工智能等数字化技术融入项目管理过程中，可以实现设计、制造、施工、维护全生命周期的智能化监控与调整，从而推动工程建设数字化建模与管理的发展。

3）推动数字化转型：装配式桥梁智慧建造一体化技术的研究是数字化转型的重要组成部分。该技术利用先进的信息技术手段，实现设计、施工、监管等环节的数字化，促进传统建设方式向数字化、智能化、可持续发展的转变，推动整个工程建设行业的进步。

2. 实践意义

1）提升高速铁路桥梁建造质量和安全性：装配式桥梁智慧建造一体化技术研究可以有效提升桥梁的质量和安全性。通过数字化设计，可以对桥梁结构进行全面的优化和模拟分析，从而减少施工中出现的质量问题。同时，通过实时监测和数据分析，可以对桥梁的安全性进行及时评估和预警，提高桥梁的抗灾能力。

2）优化资源利用和环境保护：装配式桥梁智慧建造一体化技术的研究可以实现资源的优化利用和环境的保护。通过数字化设计和智能施工，可以减少材料的浪费，降低能源消耗，并且可以对施工过程中产生的噪声、扬尘等环境污染进行有效控制，减少对周边环境的影响。

3）推动工程建设行业创新升级：装配式桥梁智慧建造一体化技术的研究将推动工程建设行业的创新升级。通过引入先进的技术手段，可以激发企业的创新活力，提高企业核心竞争力，促进整个行业的转型升级，实现可持续发展。

1.2　国内外研究现状

1.2.1　装配式桥梁研究现状

装配式桥梁在国外的研究应用起步相比国内早，预制阶段箱梁桥和快速施工装配式桥梁的建设最先起源于法国，E.Freyssinet 采用纵向预制梁段（1945 年）和匹配接缝（1952 年）的方法进行预应力混凝土桥梁施工。J.Muller（1979 年）在美国佛罗里达的两座长桥的设计中，将预制与现代机械技术结合，工艺上取得了较大的进步，节段预制拼装预应力混凝土桥梁逐渐被世界各地广泛应用。此外，国外对于装配式技术的实际应用方面还对预制构件的运输、构件之间的连接、抗震性等方面进行了丰富的研究。I.De la Varga 指出现场浇筑水泥及灌浆易导致连接开裂，从而导致桥梁结构中出现钢筋腐蚀、结构性能下降等可维修性问题[5]。Wang 等提出超高性能混凝土（UHPC）被认为可以在加速桥梁施工过程中在不同部分之间提供可靠的连接，而分层 UHPC 连接确保了预制桥梁作为现浇桥梁的仿真性能，从而提高预制节段桥梁的抗震性能[6]。此外，带灌浆熔接套管连接的预制节段桥墩[7]、现浇或装配式超高桥墩[8]、注浆套筒预应力筋组合装配桥墩[9]等抗震性较好的装配式桥梁结构被陆续提出。现浇接头通常是节段结构的控制因素，Deng 等以马埔大桥为基础，提出了一种全预制钢-超高性能混凝土（UHPC）轻质组合桥（LWCB），能够有效加快桥梁工程建设进度[10]。Fasching 等研究了一种半预制管片桥梁施工方法，在加快桥梁施工速度的基础上符合桥梁荷载试验的要求[11]。

装配式结构具有施工质量高、施工周期短、环境污染少以及耗能小等优点，符合"绿色建造"的理念，是我国建筑结构的发展趋势。在桥梁领域，预制装配式桥梁凭借施工质量好、对环境影响小、现场作业时间短、施工安全水平高等优势，已成为中国桥梁建设的重要发展方向[12]。装配式桥梁上部结构的节段拼装技术已经颇为成熟，下部结构尤其是桥墩也在近年来从现场施工为主逐步过渡到装配化施工。近年来，我国在跨海大桥引桥、城市高架桥等桥梁建设中也开始逐渐采用装配式桥墩，如东海大桥、杭州湾大桥、港珠澳大桥、上海 S6 公路工程等。

2001 年，上海浏河桥采用体外预应力预制节段逐跨的施工方法，这也是国内首次使用上行式架桥机的桥梁工程。苏通长江公路大桥的深水区段跨径 75m 引桥采用了预制节段悬臂拼装的施工方法，是国内首次大规模采用预制节段施工的桥梁，之后国内许多跨江大桥的引桥中均采用了这种施工方法。李勇以太焦铁路晋中特大桥实际工程为例，在解决工程中桥梁墩身施工过程模板的配置、周转及调配问题时采用了 BIM 技术并且收效显著[13]。葛胜锦等结合对高寒高海拔特殊地区的桥梁结构方案的分析，研究提出了针对冻土区中小跨径的装配式桥梁的施工方案，并且该方案具备工厂化程度高、单梁整体架设、施工速度快、现场作业少等优势[14]。叶以挺等针对舟岱跨海大桥 DSSG01 标的海岛山区高架桥梁提出了桥梁上下部结构全预制、墩梁一体化架设的拼装新理念，研发了用于墩梁一体化架设的新设备，形成适合该类工程特点的施工工法[15]。

目前，装配式结构的整体性较差，抗震性能弱于整体现浇结构。我国的装配式桥梁主要应用仍集中在非震区和低震区，随着预制装配式体系在高烈度地震区桥梁中的应用，预制装配式桥墩的构造与抗震性能引起广泛关注。王贺鑫以实际工程为依托，对设计制作的装配式双柱桥墩进行试验和有限元数值模拟，分析了装配式桥墩的抗震性能，对于装配式桥墩的抗震设计给出优化建议。郑永峰等通过在桥墩灌浆套筒和波纹管内部设置凸环肋、楔块以及在外壁增加环状凹槽等方式，提高连接装置与钢筋、混凝土之间的粘结强度和承载能力，减小锚固长度，减缓刚度退化，改善了节点受力[16]。杜青等提出在节段交界面上加入钢管、芯榫以提供抗剪能力，并额外内置弹性垫块，从而减小局部混凝土损伤[17]。刘世佳等发现将减隔震支座放于墩身中间可以更有效地改善山区高墩和非等高墩桥梁的受力，而节段拼装桥墩正好能够提供放置支座的接缝[18]。

1.2.2 智慧建造研究现状

将"智慧"理念赋予建筑中，让建筑工程各个环节充满"智慧"，是当下建筑行业发展的方向和研究的热点。信息化作为工业时代后期的必然选择和发展趋势，信息资源已经毋庸置疑地成为社会发展中至关重要的因素，对于建筑行业而言，发展智慧建筑是建筑行业未来发展的必经之路[19]。在建筑项目的整个生命周期中产生了大量的数据，建筑行业受到大量监管规定的约束。这些信息可以被挖掘为知识，但如果没有正确、及时地整理，也会影响施工过程中每个阶段的效率，因此，有效地处理知识是实现智慧建造的关键一步。为了克服手工标识知识费时费力的问题，一些学者正在研究使计算机能够学习、转换和利用该领域知识的方法。其中，部分研究基于自然语言处理技术对建筑行业的信息进行转化、存储和利用。例如，Zhang 和 EI-Goharry 在 2015 年提出了一种基于规则的自然语言处理方法，能够实现信息提取（IE）和信息转换（ITr）的自动化[20]。2017 年，他们将 NLP 技术与基于语义逻辑的表达方式相结合，实现了自动化合规检查（Automatic Compliance Checking, ACC）的进一步发展[21]。Zhang 等提出"建筑安全本体"的概念来处理建筑安全问题，即将施工产品模型、施工过程模型、施工安全模型与 BIM 相结合，提出作业危害分析与可视化的应用原型[22]。Kebede 等将本体语义和 BIM 结合起来表示建筑数据，创造了信息的高效录入和查询方式[23]。Akanbi 等利用语义建模和 NLP 技术对建筑规范中的材料、建筑项目和材料价格信息进行匹配，从而实现了建筑规范的自动核对和建筑成本的自动估算[24]。Ren 等将自然语言处理与传感技术相结合，提取施工方案的文本信息，从而推动施工现场管理的自动化发展[25]。

此外，建筑机器人也是提高建筑行业智慧化的研究热点与有效途径，近年来，众多学者对这些技术与建筑行业进行了交叉研究，为建筑机器人领域创造了新进展[26]。例如，Lublasser 等开发了一种能够将泡沫混凝土应用于外墙的机器人，这为自动化建筑翻新提供了新的方式[27]。此外，Hack 等提出了一种标准化的施工体系，这一体系包含建筑项目的设计、规划和施工节点，能够弥补传统模板和 3D 打印的缺点，最终通过机器人实现建筑结构的自动化施工。随着人工智能的不断发展，智能算法越来越多地应用于建筑机器人[28]。Lakshmanan 等提出了一种全覆盖路径规划模型（CCPP），该模型使用深度强化学习来提升建筑机器人的自主性，具有成本低、效率高、鲁棒性强的优势[29]。同样，Zhou 等开发了一种基于深度学习的场景重建方法和相应的机器人遥控系统，实现了 3D 场景的高效率和高质量重建，展示了基于深度学习的建筑机器人的应用潜力[30]。人机协作是建筑机器人领域的一个重要研究热点。例如，Liu 等提出了一种基于脑机接口（BCI）的系统，可以将工人的脑电波转换为机器人指令，准确率达到 90%，实现了在危险工作场景中对机器人的远程控制[31]。Kim 等使用安装了摄像头的无人机、计算机视觉和深度神经网络来提高人机协作的效率，展示了先进技术在提高建筑工人安全和生产力方面的潜力[32]。

当前，我国正处于工业化、信息化深度融合发展的重要时期，以物联网、大数据、人工智能等为代表的新一代信息技术与实体经济正在进行深度融合。而现阶段，我国桥梁建造、运维管理、养护领域仍存在创新技术应用滞后、生产建造效率低下、经营管理方式粗放等传统问题，难以达到服务数字中国战略的高度[33]。国内对于智慧建造的研究主要侧重于信息集成与数字孪生技术和建设项目全生命周期智能算法的研究。BIM 技术是 IT 在建筑行业的典型应用。BIM 具有出色的三维可视化技术和丰富的语义信息，是建筑项目全生命周期协同管理和设计的重要工具，已经成为智慧建造领域不可或缺的要素。近年来，语义技术、物联网、地理信息系统（GIS）等技术与建筑行业的融合越来越深入，大多数学者关注的是如何利用这些技术来补充和组织 BIM 信息。例如，Lin 等提出了一种基于自然语言处理的 BIM 智能检索与表示方法，实现了 BIM 信息的有效管理，进一步提升了 BIM 数据的价值[34]。Wu 等使用基于后缀的匹配算法对文本进行命名实体识别（NER），并使用基于依赖路径的匹配算法对依赖树进行关系提取（RE），实现了机械、电气和管道（MEP）信息的提取[35]。Li 等设计了通过射频识别（RFID）获取预制部件现场组装过程实时数据的物联网平台，并将这些数据整合到 BIM 模型中，实现装配式建筑的高效运营、决策、协作和监管[36]。Tang 等将 GIS 与 BIM 相结合，对地上、地下建筑及周边环境进行综合分析，还通过监测数据实现了对地下管线的实时监测和高效管理[37]。许多研究还利用 BIM 对构件进行质量评估和缺陷检测，如通过组合和激光扫描将混凝土的详细尺寸存储在 BIM 中，并结合相关规范进行质量评估[38]。Chen 等将航拍图像与 BIM 进行匹配，从而实现对混凝土缺陷的监测[39]。

智能算法可以通过使用数据实现感知、知识表示和推理来解决建筑行业面临的高风险和自动化程度低等问题。因此，智能算法逐渐成为智慧建造领域的研究热点。Liao 等提出了一种基于生成对抗网络（GANs）的剪力墙设计方法，能够快速有效地生成设计方案[40]。在此基础上，Lu 等引入物理估计器，增强训练过程的客观性，进一步提高这一方法的效率和准确性[41]。在建筑设计完成后，必须根据规范对图纸进行审核，然而手工审查需要消耗巨大的时间成本与人力成本。自动合规检查能够从法规文本中进行智能规则解释，从而替代人工审查，但也面临设计模型和法规文本之间仍然存在语义差距的问题。为了解决这个问题，Zheng 等提出了一种基于 NLP 的知识信息框架，该框架的审查准确率为 90.1%，效率是专家人工解释的 5 倍[42]。Zhou 等利用自然语言处理（NLP）和上下文无关语法（CFG）的组合来分析规则文本，对简单句子的解析准确率高达 99.6%，超过了目前的发展水平[43]。

1.2.3 高速铁路桥梁建设研究现状

高速铁路（HSR）网络技术的快速进步是 21 世纪的标志之一，1964 年日本开通世界上第一条高铁，此后许多国家纷纷开始投资高铁的建设、运营和维护。高铁的建设有利于通过扩大市场来促进城市间的合作，从而达到促进城市发展的目的。它为区域间的人员流动提供了便利的渠道，带动了产品的溢出，提高了周边城市的消费水平。此外，推动高铁扩张的重要因素包括新冠肺炎疫情后的流动性和环境问题，人口呈指数增长的趋势也使得高铁快速发展成为交通建设领域的必然趋势。继日本、意大利、法国、德国和西班牙之后，有更多的国家加入了高铁建设的行列。截至 2022 年，土耳其、摩洛哥、欧洲各国、美国、伊朗、俄罗斯、印度、东南亚各国和中国正在研究或建设长达数千公里的新线路。全球每天有超过 4900 列高速列车（HST）在运行，每年运送旅客超过 20 亿人次。

铁路桥或高架桥是高铁线路上的一个基本结构，桥梁建设的优势在于这种类型的结构比建造土路堤需要的面积更少，同时可以避免干扰现有铁路或公路，避免占用大面积土地，避免干扰耕地。在高铁线路跨越江河或海洋时，大跨径高铁高架桥是必要条件，而在山区，高墩桥梁是通过险峻地区所必需的结构，例如当前世界上最具挑战性、建设风险最大的高铁桥梁项目是川藏高铁。

与普通铁路桥梁相比，高铁桥梁的设计对轨道平整度和列车稳定性提出了更高的要求，考虑到高铁桥梁的活载比普通铁路轻 45%～65%，位移控制替代承载能力成为高铁桥梁设计的主要问题。近年来，许多已发表的研究都讨论了高速列车通过时高铁桥梁的结构性能。一些研究侧重于开发一种分析方法，对桥梁共振进行粗略评估[44]或计算桥梁振动[45]，确定桥梁共振的影响和消除条件[46]，分析影响因子或动载余量[47]，建立新的 HST 荷载模型[48]。许多研究采用数值模拟的方法研究高速列车通过高铁桥梁时的动力相互作用响应[49-51]。采用半解析方法的研究要少得多[52]，但其中大量的试验研究是在实际高铁桥梁上进行的[53-54]，从而更真实地验证解析或数值模拟结果。与此同时，其他研究主要集中在地震对高铁桥梁结构的影响作用上，一些研究的目的是提高高速列车通过桥梁的安全性[55]。还有一些人关注高铁桥梁的性能改进[56-57]，分析了高铁桥梁在高速列车移动时的振动作用[58]，并研究了复合桥梁的动力响应[59]。

相比发达国家，中国高铁起步较晚，但已迅速崛起并发展成为世界上最发达的高铁线路网络，年旅客人数已增长到 11 亿。截至 2023 年 1 月，中国高铁运营总里程已达 4.2 万公里。中国高铁的一个重要特点是桥梁占基础设施的比例较高，例如京沪高铁线路中的桥梁占 81%，广州高铁线路中的桥梁占 91%。中国 35 条主要高铁线路的统计结果显示，平均桥梁比例约为 54%。造成这种现象的原因是中国的地形地貌种类繁多，包括亚热带沿海地区、山区和高原，因而桥梁结构是中国高铁建设必不可少的部分。

在高铁桥梁设计中，活载模型的使用因国家而异。欧洲国家广泛采用国际铁路联盟（UIC）提出的活载模型，而日本采用考虑动冲击的单线活载模型，更接近列车实际负荷分布。中国所采用"ZK"活载模型，该负荷模式包括标准活载（UIC 活载的 80%）和特殊活载[60]。然而，有研究[61]提出，目前 ZK 荷载下的结构响应被高估，并提出只考虑 60% 的 UIC 荷载。由于与传统铁路桥梁设计相比，高铁桥梁具有更高的使用限制，因此，许多已有研究工作已经对与高铁桥梁动力作用相关的其他技术问题进行了研究，例如抗震性能[62-63]、轨道-结构相互作用和不均匀沉降[63]。轨道-结构相互作用是保证轨道平稳性和列车安全运行的重要问题。轨道可以看作是桥梁上部结构的附加约束。Yan[64]建议考虑轨道-结构相互作用来估计子结构刚度和轨道对中。Yan 和 Dai[65]研究发现，在数值模型中考虑跟踪后，地震作用下桥墩的纵向挠度和梁端的相对旋转较小。高速列车的气动效应可能导致周边结构失稳，如隔声屏障和立交桥[66]。Li[67]还研究了不同高速列车对附近目标的气动影响，提出了不同列车的安全距离。在某些区域，由于无砟轨道直接附着在桥面上，阳光引起的温度分布不均匀会导致桥面局部严重变形。Dai 等[68]进行了数值研究，以确定温度对中国中部地区桥梁的影响。结果表明，在最高温度 35℃左右时，梁的变形在允许范围内，但温度变化较大地区的桥梁可能需要对这种温度效应进行额外的校核。

1.3　研究目的与内容

1.3.1　研究目的

"十四五"时期是建筑业转方式、优结构、转动能的关键时期，建筑业发展面临前所未有的新挑战，产业转型升级、提质增效迫在眉睫，而大力推广装配式技术、推进智慧建造模式，是建筑业向数字化转型与创新发展的必由之路。本研究以郑济铁路濮阳至省界 PJSG- I 标段为例，立足工程实际，探析装配式技术在桥梁施工与管理中的应用，推动我国装配式桥梁的技术创新与实践应用。此外，本研究理论结合实际，探讨了高速铁路建设智慧建造与管理模式，对高铁建造数字化、智慧化发展具有理论与实践意义。

1.3.2　研究内容

（1）在分析国内高速铁路装配式桥梁智慧建造困境和难题的基础上，梳理高速铁路装配式桥梁和智慧建造理论等文献并研究相关案例，挖掘应用高速铁路装配式桥梁智慧建造一体化的关键技术难点，并找到相应的理论突破口。

（2）基于前文阐述的理论难题，有针对性地提出高速铁路桥墩自动化预制施工技术、管桩静压引孔沉孔施工技术、节段拼装造桥机拼装技术、箱梁运梁架梁施工技术等技术应用以及预制构件生产、施工现场等智能施工管理平台的研发。

（3）基于郑济高铁装配式桥梁智慧建造工程实践，结合文献研究和案例研究，探究装配式桥梁智慧建造综合效益、经济效益、社会效益、环境效益以及增量效益等评价指标体系的构建，包括评价指标体系的辨识和评价方法及实施要求，并进行有效的评价分析与研究。

1.4 研究框架

本研究以郑济高铁建设工程为例，从施工技术、管理模式、智慧平台和效益分析四个层面对装配式桥梁智慧建造进行研究，结合装配式技术与智慧建造相关理论，探析了高速铁路桥梁建设的施工技术与管理模式的理论发展与实践应用。本书的研究框架与结构设置如图1-1所示。

第一篇为概述篇。第1章主要综述了研究背景与意义、装配式桥梁及智慧建造研究现状、研究目的与内容、研究框架、研究问题与关键技术五方面内容。第2章是项目概况，主要从工程概况、沿线环境、主要工程内容、项目实施重难点和项目创新点五个层面对郑济高铁工程项目基本情况进行描述，综合展现了装配式桥梁智慧建造在高速铁路工程中的理论与应用。

第二篇为技术篇。该篇对装配式桥墩智慧建造一体化关键技术的实践应用进行剖析，包括高速铁路桥墩自动化预制施工技术、管桩静压引孔沉孔施工技术、装配式桥梁节段拼装造桥机拼装技术、箱梁运梁架梁施工技术四部分内容，系统性讲述了技术应用的工作原理和工艺流程。该篇从技术应用背景、技术应用难点、理论突破口三个角度总结了装配式桥梁智慧建造一体化技术，点明装配式桥梁智慧建造一体化研究理论稀缺、应用困难的特点，并给出了郑济高铁突破方案。

第三篇为管理篇。主要讲述了郑济高铁在预制构件生产和施工现场的智慧化管理。其中第4章阐述了郑济高铁预制构件生产的智慧化管理方案，从生产背景入手，通过预制桥墩智慧化施工管理、预制箱梁智慧化施工管理、智慧预制场生产管理三种管理方案对预制构件生产的智慧管理模式进行全方位的展示。第5章从组织管理、安全管理、资源管理、质量管理和施工进度管理五个层面描述了项目施工现场的管理模式，总结了智慧化管理在郑济高铁工程施工中的应用。

第四篇为平台篇。主要讲述了郑济高铁工程建设智慧管理平台的概况和功能。其中第6章从需求分析、总体规划、建设目标和基础配置上综述了智慧管理平台开发的必要性与实用性。第7章将平台功能分为智慧建造生产管控系统、智慧梁场建造系统、智慧墩场建造系统、检验批数智化管理系统几大功能模块进行展示，从平台角度给出了属于郑济高铁的装配式桥梁智慧建造一体化理论与技术的落地实施方案。

第五篇为经济篇。主要讲述了装配式桥梁智慧建造一体化成本管理与效益评价。其中

第 8 章成本管理又分为全生命周期成本管理、增量成本管理和智慧建造成本管理，逐步深入地阐述了智慧建造成本管理体系与其在项目中的应用。第 9 章则以郑济高铁工程实际为基础，从经济、社会、环境三个层面评价了装配式桥梁智慧建造的效益，构建指标体系、确定权重并分析结果，最终形成综合效益评价和增量效益评价。

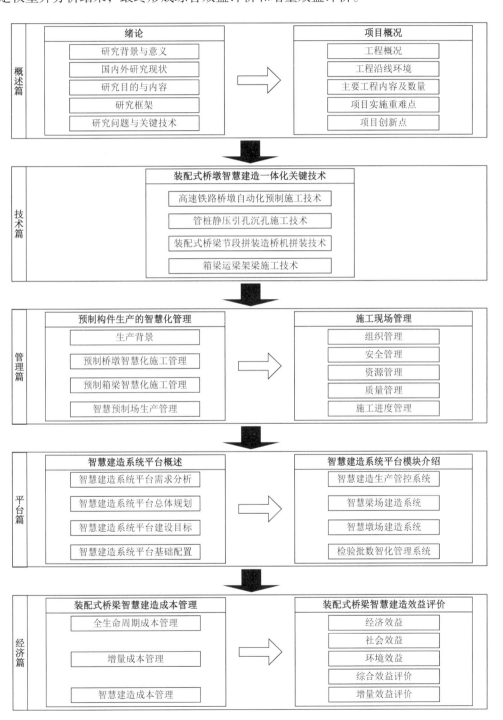

图 1-1　研究框架图

1.5 研究问题与关键技术

1.5.1 研究问题

装配式桥梁智慧建造一体化技术以系统平台为硬件基础，通过数字化技术和智慧化管理手段的应用达到项目降本增效的目的，从而追求成本效益。从技术攻关、管理方式、平台搭建和效益分析四个层面对高速铁路装配式桥梁智慧建造一体化技术进行研究，如图 1-2 所示。

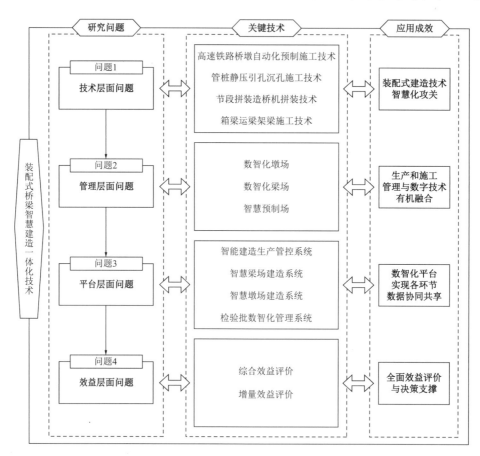

图 1-2　创新点

1. 技术层面

在装配式桥梁智慧建造技术层面的研究主要关注以下问题：首先，虚拟仿真技术能够实现对桥梁进行全生命周期的模拟和分析，包括设计方案的优化、材料的选择和施工方案的制定。装配式桥梁对构件尺寸、性能要求极高，如何利用虚拟仿真技术模拟桥梁性能，以及通过预测和评估来识别潜在的结构问题和施工难点成为技术层面的攻关难题。其次，构建信息集成的数字化平台，能够实现桥梁设计、制造和施工各个环节之间的数据共享与协同工作。如何利用云计算和大数据分析技术将各环节数据整合，从而提高项目的协同性和管理效能是关键所在。最后，将装配式智慧桥梁建造技术逐步推广应用到实际工程中，能够为城市交通发展和工程建设提供更加可靠的解决方案。然而，智慧化技术与传统施工技术在实际应用中应如何实现协调与融合，以确保其安全性、经济性和可持续性，是目前装配式桥梁智慧建造技术社会化推广的一大难题。

2. 管理层面

从管理层面来描述装配式桥梁智慧建造着重探讨以下方面：首先，智能化桥梁施工管理系统的开发应用有助于实现对整个施工过程的实时监控、预警和决策支持，从而提高施工的安全性、可靠性和效率。但仍需要考虑如何建立合理的数据采集、分析和反馈机制，确保相关信息准确传递和决策迅速实施。其次，智能感知和数据共享平台的应用能够实现各方利益相关者之间的实时沟通交流，并促进协同工作能力的提升，有助于提高团队的协同效率和施工质量。然而，如何真正实现实时感知和信息共享，在当前数字化发展水平较低的大背景下仍然困扰着管理者。最后，建立预警系统和风险评估模型能够加强对施工过程中的风险管理和安全保障，但能否准确识别和评估潜在风险并采取相应的控制措施，是风险预警系统是否有效运行的关键所在。

3. 平台层面

从系统平台层面来描述装配式桥梁智慧建造着重从以下几个方面进行问题扩展：首先，搭建统一的装配式桥梁智慧建造平台能够将设计、制造和施工等不同环节的信息和资源进行整合，实现数据集成和信息共享。这需要解决不同系统之间的数据格式和接口标准的统一性问题，确保各环节间的数据能够无缝对接，实现信息的高效传递和共享。其次，基于云计算和大数据分析技术，有助于进行桥梁建造全过程的优化管理。其中需要考虑的问题包括如何利用大数据分析技术对施工过程中的各种数据进行挖掘和分析，以提取有价值的信息和规律，进而优化施工计划、资源调配和风险管理等关键决策。最后，如何确保装配式桥梁智慧建造平台的稳定性、可靠性和可扩展性是平台搭建最基础且十分重要的问题，包括如何设计和优化平台架构，确保系统的高可用性和容错能力；如何建立健全的数据安全机制，保护用户和项目信息的隐私和安全；以及如何考虑平台未来的扩展需求，提前进行系统规划和设计，以支持更多功能和模块的集成和拓展。

4. 效益层面

从成本效益层面来描述装配式桥梁智慧建造主要从以下几个方面进行切入：首先，从经济效益来看，装配式桥梁智慧建造技术的应用降低施工成本和缩短项目周期，包括如何利用智能化施工设备和工具节约人力、物力，提高施工效率和质量，如何合理规划和优化施工工序从而减少施工阶段的等待和调整时间，以及如何通过实时监控和数据分析及时发现和解决施工过程中的问题。其次，从社会效益来看，智慧建造技术的应用能够对装配式桥梁的构件设计和制造流程进行优化，从而推进高铁桥梁装配式技术与管理智慧化、数字化发展。如何将数字化技术与智慧管理理念真正融入传统施工技术与管理方式中，建立标准化、普适性的施工技术与管理体系，以点及面地向全行业推广，是实现社会效益的重要衡量标准。最后，从环境效益来看，装配式桥梁智慧建造技术的应用能够提高资源利用率和减少环境污染，实现可持续发展。其中又包括优化材料的选择和利用从而减少材料浪费和二次资源消耗，通过智能化物流管理和调度对运输和装配过程进行优化，引入绿色建筑理念，从而减少施工废弃物的生成和对生态环境的影响等问题。

1.5.2 关键技术

1. 装配式桥梁智慧建造技术应用

针对以上高速铁路桥梁装配式一体化施工技术在实际工程中的应用难点，本书提出通过高速铁路桥墩自动化预制施工技术、管桩静压引孔沉孔施工技术、节段拼装造桥机拼装技术、箱梁运梁架梁施工技术等工艺的创新，突破现有难题，达到节能减排、缩短工期、降低风险、减少人工、提高工效的效果。

1）高速铁路桥墩自动化预制施工技术

高速铁路桥墩自动化预制施工技术通过运用自动化设备，能够精确地进行混凝土浇筑和预制桥墩的各种工艺操作，有效降低人为错误，提高工程质量。该技术通过自动化设备和系统将桥墩的预制工作自动化，从而提高施工效率、质量和安全性。

2）管桩静压引孔沉孔施工技术

管桩静压引孔沉孔施工技术采用静压机将预制好的管桩压入地下预定的桩位，然后将管桩抽出，形成桩孔，再将混凝土浇筑到桩孔内。这种方法适用于地基承载力要求较高，地质条件复杂或者噪声、振动要求严格的施工场所，主要应用于桩基施工中。该技术有助于增加土的抗压承载力，提高地基稳定性，施工技术难度相对较低。

3）节段拼装造桥机拼装技术

节段拼装造桥机拼装技术首先按照设计和施工需求，预制工厂内完成预制节段保证精度和质量，然后将预制好的节段通过运输工具运至施工现场。通过采用高精度的拼装设备（如起重机等），对每一个节段进行定位和拼装。在拼装过程中，通过高精度的检测设备对接缝、对角线、垂直度等进行检测以保证拼装精度。该技术在很多方面优化了传统的拼接技术，更符合现代工程的需求。

4）箱梁运梁架梁施工技术

箱梁运梁架梁施工技术适用于大跨度桥梁的建设。在工厂内预制箱梁并运输到施工现场，然后使用起重机将箱梁吊装到预先设定好的运梁架上，最后将运梁架连同箱梁移动到预先设定的位置，然后降低运梁架将箱梁放置在桥墩上。该技术在许多方面改善了传统的现浇混凝土拼接技术，为现代桥梁建设提供了一个更高效、环保和经济的解决方案。

2. 装配式桥梁智慧建造管理方案

在装配式桥梁预制构件生产中，智慧化管理对提高生产效率、保证质量控制和降低成本具有关键作用。针对智慧化管理方面的难点，本研究提出了数智化墩场、数智化梁场、智慧预制场管理方案与技术，克服装配式桥梁智慧化管理方案应用难点，为预制构件生产提供全方位的支持和改进。

1）数智化墩场

数智化预制墩场通过应用移动互联网、云计算、二维码、物联网等新一代数字技术和智能化设备来管理和优化预制墩生产过程，其利用信息化技术实现了生产、管理和监控的全面数字化，并通过智能化设备和系统的支持，提高了生产效率、质量控制和资源利用效率。

2）数智化梁场

数智化预制梁场以数字孪生为核心概念，依托 BIM、物联网、人工智能等先进的数字技术和智能化设备来实现预制梁生产过程管理和优化。梁场采用先进的传感器和数据采集设备来收集各种关键数据，为质量监测、进度控制和辅助决策提供科学、动态数据。此外，梁场配备了机器人、自动化搬运设备等智能化生产设备和自动化生产线，在提高生产效率的同时保证了生产的稳定性和一致性。

3）智慧预制场

智慧预制场融合了BIM、数据管理与服务、移动应用与物联网技术、云技术、大数据等新技术，有机串联了自动化生产、可视化监测、智能化调度和科学化决策，是一种基于预制构件全生命周期的精益管理形式。智慧预制场的应用实现了预制构件生产过程的智能化管理，极大地提高了预制构件的生产效率和质量水平。

3. 装配式桥梁智慧建造平台研发

智慧建造系统平台的应用为装配式桥梁建设提供了全面的设计优化和工艺规划支持，实现了自动化生产和精确化控制，但至今仍存在较多应用难点。本研究为解决平台研发与应用难题，提出了智能建造生产管控系统、智慧梁场建造系统、智慧墩场建造系统和检验批数智化管理系统技术。

1）智能建造生产管控系统

装配式桥梁智能建造生产管控系统以大数据、物联网、云计算为依托，集成自动化生产线、传感器与数据采集、数据管理与分析、人机界面与控制、虚拟现实技术和智能决策支持等技术。该系统从生产管理、设备管理、人员管理、安全管理等方面全方位实现了对装配式建造全生命周期的智能化监测和管控，具有实用性强、安全性高、灵活性和拓展性好等优点。

2）智慧梁场建造系统

智慧梁场建造系统集成了自动化、智能化和数字化技术，主要服务于箱梁预制与架设全业务链的经营管控。该系统通过自动化生产线、智能传感器、数据管理与分析、实时监控与追溯以及虚拟现实技术，实现了对预制梁生产过程的智能化管理。该系统优化了梁场生产线的管理流程，有效提高了梁场的生产效率与产品质量。

3）智慧墩场建造系统

智慧墩场建造系统以BIM和数字孪生模型为核心，融合大数据、云计算、物联网等先进数字化技术，从智能化计划排产、自动化生产、实时动态监控全方位对预制桥墩的生产进行统筹化集成管理，保证了生产过程与质量的稳定性和一致性。

4）检验批数智化管理系统

检验批数智化管理系统是一种基于先进技术的智能系统，其应用提高了检验批管理的效率、准确性和可追溯性。该系统通过运用云计算、物联网、大数据分析等技术，集成数据采集与传输、数据存储与管理、数据分析与决策支持、自动化流程控制以及实时监控与追溯，实现对检验批过程的数字化管理。

4. 装配式桥梁智慧建造效益分析

装配式桥梁智慧建造效益分析通过衡量工程质量提升水平、项目效率提高幅度和节约成本效率，为决策者提供决策支持，促进可持续发展和经济社会的协调发展，同时确保资源的有效利用和最大化利益的实现。为了衡量装配式桥梁智慧建造技术应用的效益实现，本研究从经济、社会、环境三个层面构建评价指标体系，对其进行了综合效益和增量效益的评价。

1）综合效益评价

综合效益是指项目本身得到的可以用价值形式量化的直接效益，以及由项目引起的难以量化的环境、社会等间接效益，或项目对国民经济所做的贡献。本研究结合工程实际，运用 AHP 方法对指标体系的权重进行计算，得出以下结论：首先，经济效益在指标体系中所占比重最大，其表现形式也最为直观，其中又以节水效益的影响最为显著。其次，环境效益比重次于经济效益，但总体而言影响并不显著。最后，社会效益所占比重最小，这可能与部分隐形效益难以量化评价有关。

2）增量效益评价

增量效益是指相对于现有方式或方法，采用某种新的方式或方法可以带来的额外收益或盈利。在工程建设中，增量效益通常指采用新的技术、工艺、材料等创新手段所带来的额外收益或节省成本。装配式桥梁智慧建造相比传统的桥梁建造方法，带来了一系列的增量效益。首先，装配式桥梁智慧建造采用标准化构件和模块化设计，可以预制构件并在现场快速进行组装。这种施工方式大幅度缩短了施工周期，提高了施工效率。其次，由于装配式桥梁智慧建造过程中使用可控制的生产工艺和自动化设备，质量得到了更好的保证。最后，装配式桥梁智慧建造采用标准化构件和模块化设计，减少了对自然资源的消耗和对环境的破坏。此外，装配式桥梁建造可以减少施工过程中的噪声、尘土和废弃物排放，对周围环境影响较小。

1.5.3　应用成效

1）在技术攻关方面，本研究关注推动高速铁路桥梁建造技术的智慧化转型与革新，挖掘应用高速铁路装配式桥梁智慧建造一体化的关键技术难点，针对性、创新性地提出高速铁路桥墩自动化预制施工技术、管桩静压引孔沉孔施工技术、节段拼装造桥机拼装技术、箱梁运梁架梁施工技术，实现了桥梁构件的标准化和智慧化制造，并提高了施工速度和质量。

2）在智慧化管理方面，数智化预制场采用建筑信息模型、数据管理与服务、移动应用与物联网技术、云技术、大数据等新技术，以及智能设备配合施工工序管理，进行工程管理、可视化监控和现场安全质量管理，是一种新型的预制构件全生命周期管理模式。数智化预制场以 BIM 模型为核心，对梁场生产全过程中的数据信息进行融合，实现项目管理降本增效。

3）在平台搭建方面，通过引入移动互联网、云计算、二维码、物联网等新一代信息化技术，搭建预制构件生产、施工现场等智能施工管理平台，使得质量、安全、进度及资源、成本等方面的管理都得到有效保证。建立与项目特点相适应的智慧化项目平台，通过数据动态管理系统、协同设计与施工平台以及移动端监测与管理应用等模块的有机组合，实现设计、生产、运营各环节的信息共享和协同工作。

4）在成本效益方面，针对工程项目效益最大化与智慧化投资之间易相互矛盾的痛点，通过标准化设计和智慧化建造技术与管理手段，大幅减少材料浪费和降低劳动力成本与施工成本。本研究以郑济铁路项目为例，构建装配式桥梁智慧建造的经济效益、社会效益、环境效益评价指标体系，进行综合效益评价和增量效益评价，全面考量装配式桥梁智慧建造项目的可行性。

第 2 章

项目概况

2.1 工程概况

2.1.1 线路概况

郑济铁路濮阳至省界 PJSG-Ⅰ标段位于清丰县境内,往西南走行经葛家村东,于南寨村折向南,依次跨越范辉高速公路、卫都路、G342 国道,终至濮阳市规划经一路西侧在建的濮阳东站。线路正线全长 19.975km,正线桥梁一座清丰特大桥(458-1063 号墩),桥梁占比 100%,装配式桥梁建造段落长度 7.5km,占比 38%。施工管段位于河南省清丰县仙庄乡至濮阳市华龙区。主要工程内容包括:征地及拆迁工程、道路及管线迁改工程、桥梁工程、无砟轨道工程、综合接地工程、附属工程、大型临时设施等。本项目合同总造价约为13.4 亿元,合同工期为 46 个月,自 2021 年 4 月 20 日至 2025 年 2 月 19 日。本项目地理位置与施工总平面图如图 2-1 和图 2-2 所示。

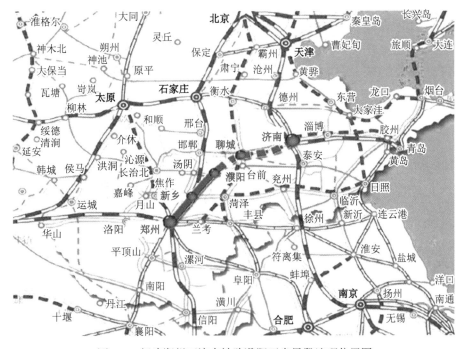

图 2-1 新建郑州至济南铁路濮阳至省界段地理位置图

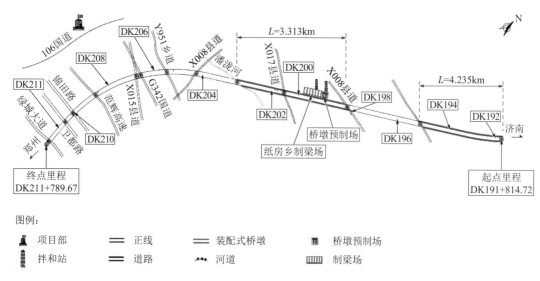

图 2-2　郑济铁路濮阳至省界 PJST-Ⅰ标项目施工总平面布置图

2.1.2　主要技术指标

1. 铁路等级：高速铁路

2. 正线数目：双线

3. 正线线间距：5m

4. 设计行车速度：350km/h

5. 最小曲线半径：7000m，困难 5500m

6. 最大坡度：20‰

7. 牵引种类：电力

8. 动车组类型：动车组

9. 到发线有效长度：650m

10. 调度指挥方式：综合调度集中

11. 列车运行控制方式：CTCS-3 级

12. 最小行车间隔：3min

2.1.3　各专业工程施工工期

由于本项目要与郑济铁路（山东段）同步开通，同时受到河南省征地拆迁政策影响，铁路建设红线用地大面积交付应于麦收之后开始，故实际施工工期缩短至 30 个月。各专业工程施工工期如下：（1）2021 年 5 月 15 日前实现实质性开工，6 月 30 日实现控制性工程全面开工；（2）2021 年 10 月 23 日完成钻孔桩施工；（3）2021 年 9 月 20 日前完成梁场认证；（4）2022 年 9 月 1 日清丰特大桥特殊孔跨施工完成；（5）2021 年 9 月 10 日墩柱和墩帽开始试生产，2021 年 9 月 20 日正式生产，2022 年 7 月 20 日完成墩柱、墩帽预制任务；（6）2021 年 10 月 15 日开始架设箱梁，2022 年 9 月 20 日架梁完毕；（7）2022 年 5 月 15 日开始无砟轨道施工，2023 年 4 月 15 日完成。

2.1.4　环境管理

1. 水污染防治

施工期间应严格执行国家和河南省有关建筑施工环境管理法规,做到文明施工,使施工的环境影响降到最低。梁场、搅拌站等驻地合理设置化粪池与排水沟,汇集施工废水与生活污水并定时清掏外运。施工挖方的泥渣、泥浆水沉淀处理,不能利用的废渣进行固体废物处理,不得外运或排入河道。施工机械及时检修,防止漏油污染水体。

2. 声污染防治

清丰特大桥采用预制管桩施工,部分锤击施工区段靠近附近村庄。因此,管桩施工要充分考虑噪声对附近居民的影响,严格控制场地内噪声分贝。施工场界内合理安排施工机械并估算场界噪声,遵循文明施工管理要求。对邻近居民区的施工场地设置围挡,噪声大的施工机械布置在远离居民区等敏感点范围外,并对主要施工机械采取加静音措施减轻噪声污染。

3. 大气污染防治

根据河南省蓝天工程计划,强化施工现场扬尘的治理。施工现场对易产生扬尘的物料堆场实施遮盖、洒水等防尘措施,派遣专人做好道路洒水、建立隔离带等管理措施并实施监督。提高运输车辆的密封性,对进出车辆进行彻底清洗,从而防止物料在运输过程中对道路两侧的污染。对临时填筑场做好防护措施,避免发生水土流失问题。

2.1.5　文明施工管理

1)现场有"七牌二图"以及安全生产宣传牌,重点施工部位和危险区域及主要通道口设有醒目的安全警告牌。

2)对大门口、道路、临时房屋等场地进行硬化处理,严格区分施工区域与非施工区域,确保施工环境安全。

3)设置集水井、排水沟等污水处理设施,污水经沉淀处理后才能排入附近水系。

4)施工现场周围设置防护带,进入现场人员严格遵守安全文明施工规范,贯彻实施岗前培训制度。

2.1.6　施工现场其他临时设施管理

1. 交通安全设施

在各主要交通路口和各施工点设置安全警示标志、围栏等。

2. 防洪、防汛设施

各施工地按防洪、防汛要求备齐相应工具和用品。

3. 施工用电

线下管桩沉桩施工用电量大,采用大型变压器引入当地高压线。高压线无法接入部位采用发电机发电。

4. 施工用水

主要以就近河渠取水,取水不方便处采用运水车运水。梁场及集中拌合站钻井取水。

2.2 工程沿线环境

2.2.1 自然特征

1. 地形地貌

沿线多为黄河冲洪积平原，地表的绝对标高为海拔 35～55m，地形平坦，铁路从西到东穿越了黄河的冲洪积平原，整体上呈现出明显的东部高、西部低的特点。沿线城市、村镇、居民点密布，现有公路较多。

2. 地质情况

地面主要为粉土和粉质黏土，厚度为 14～140m。在该层之下主要以黏土、粉土和粉细砂构成的地质，厚度至少 30m。

3. 水文状况

沿线多数地区的地表水以及地下水对混凝土有害，主要呈现为氯盐腐蚀，只有部分地区不具备腐蚀性。

4. 气象

主要表现为雨水蒸发量大，降水量较少，环境较为干燥，春季和秋季两季多风，夏季温度偏高，冬季温度低。地区平均降雨量 586.9mm，平均气温 13.9℃，最大冻结深度 23cm。

5. 地震效应

根据国家地震局编制的《中国地震动峰值加速度区划图》以及《中国地震动参数区划图》GB 18306—2015，沿线地震震动参数划分如表 2-1 所示。

地震震动参数表   表 2-1

序号	地震动峰值加速度	地震烈度	地震动反映谱特征周期	备注
1	0.20g	Ⅷ	0.40s	

2.2.2 交通运输情况

1. 铁路

铁路运输条件较差，所以不作为材料的运输通道。

2. 公路

线路所经地区分布的主要国道以及省道，可以与周边道路相配合，进行材料运输。

3. 水运

区域内河流有黄河、潴泷河、潮河等，但距离项目地较远，故本项目不考虑水运方案。

2.2.3 水、电、燃料等资源可利用情况

1. 施工用水

线路位于黄河冲积平原和山前冲积平原，沿线途经海河水系、淮河水系，主要河流为潴泷河和潮河，施工及生活用水主要采用打井解决。

2. 施工用电

线路所经地区电网发达，可以满足施工用电需求。

3. 施工用燃料

该段线路燃料足够补充，施工机械使用的燃料可就近取用。

2.3　主要工程内容及数量

项目涉及的工程主要有迁改工程、附属工程、桥梁工程、轨道工程、通信工程以及大型临时设施和过渡工程。其中，各类工程所包含具体工程量如表 2-2 所示。

主要工程数量表　　　　　　　　　　　　　　　　　表 2-2

序号	项目名称	单位	数量	备注
一、迁改工程				
1	改移水泥路	km	1.343	
2	改移泥结碎石路	m²	2167	
3	隔声窗	m²	1335	
4	电磁防护（环保）	户	85	
5	临时用地	亩	307	
二、附属工程				
1	播草籽	m²	204665.65	
2	栽植灌木	千株	125.948	
3	桥梁段防护栅栏	单侧公里	47.83	
三、桥梁工程				
1	特大桥	m/座	19.975/1	
2	钻孔桩	圬工方	48795	613 根
3	预应力混凝土管桩	m	159107	4596 根
4	承台混凝土	圬工方	82700	605 个
5	现浇墩身混凝土	圬工方	16001.16	61 个
6	预制拼装桥墩混凝土	圬工方	38452	544 个
7	简支箱梁支架	孔	558	
8	悬灌连续梁	圬工方	11350	4 联
9	支架现浇连续梁	圬工方	14054	9
10	节段拼装连续梁	圬工方	3718	2 联
11	连续刚构	圬工方	1024	1 联

序号	项目名称	单位	数量	备注
四、轨道工程				
1	桥梁段 CRTS Ⅲ 板式无砟轨道	铺设公里	39.95	
2	底座板	m³	22749.6	
3	自密实混凝土	m³	10368	
4	CPⅢ测量与复测	正线公里	19.975	
五、通信、信号及信息工程				
1	综合接地系统	正线公里	19.975	
六、大型临时设施和过渡工程				
1	汽车运输便道	km	19.975	
2	制梁场	处	1	
3	节段梁预制场	处	1	
4	桥墩预制场	处	1	
5	混凝土集中拌合站	处	1	
6	临时电力干线	km	19.975	

2.4 项目实施重难点

2.4.1 本项目实施难点

1. 总体工期时间紧

本项目于 2023 年 12 月 31 日开通使用，总工期为 2 年 9 个月，比合同工期提前 1 年 2 个月。其中，部分工程在 2021 年 6 月 20 日开始交付，由于现场只有 9 处连续梁具备施工条件，其他部分尚不具备施工条件，所以实际施工工期在合同提前 14 个月的基础上需再抢工至少 3 个月。

2. 管桩施工困难

1）该项目是首次在高铁大范围应用大直径桥梁管桩，国内相关施工经验较少。因此，需要进行管桩试桩工作，试桩完成后才能开展后续工作，其中消耗时间长。

2）成桩质量不易检测，锤击成桩工艺中，管桩受多次锤击后管桩接头焊缝和桩体混凝土本身质量难以检测，同时砂层摩擦对桩头金属防腐影响无法评断。

3）成桩困难，砂层厚，在砂层中沉桩端阻力极大。锤击沉桩工艺中，沉桩总锤击次数要求多。静力压桩工艺中，需采用静力压桩一体机，且引孔深度需超过设计桩长，目前铁路尚无相关引孔要求。

4）桩的施工时间长，成桩工效低。相关施工设备在国内数量少，静力压桩引孔一体机目前国内仅有 5 台。

3. 节段预制拼装连续梁工艺复杂

1）工期要求高，节段预制拼装连续梁预制及拼装施工预计需 4 个月以上。

2）工艺复杂，节段预制拼装连续梁采用胶拼工艺，精度要求毫米级，预制拼装施工难度大。

3）运输条件严苛，节段拼装连续梁从预制场地到拼装现场需经过高速并穿越涵洞，涵洞高度不能满足连续梁节段运输条件。

4）设备稀缺，本连续梁采用半联整体张拉，桥机负载需要达到 1950 吨以上，市场上此类桥机较少。

4. 运梁架梁困难

该桥梁结构类型较多，且不同结构的桥梁分布位置不同，分散在线路各节段，同时运梁以及架梁施工过程难度较大且存在风险，容易对工期造成影响。

2.4.2　本项目实施重点

1. 高速铁路桥墩自动化预制施工技术

在 PJSG-Ⅰ标大跨度桥梁工程中，采用桥梁预制施工、后期拼装施工工艺。墩身与承台、墩身与墩帽采用后浇混凝土进行连接，承台采用 C40 微胀型自密实钢钎混凝土与墩身进行连接，墩身采用 C50 微胀型自密实钢钎混凝土与墩帽连接。采用这种施工技术，施工工期较短，污染小、工程质量高、工人需求少。

2. 管桩静压引孔沉孔施工技术

预制管桩适用于土质为黏土或粉土地质条件的地区，具有强度高、质量可靠、用材节省、绿色环保、承载力高等特点，但是在铁路行业的应用较少，尤其是大直径预应力管桩（直径 1m）在 350km/h 高速铁路桥梁基础上，除京雄城际铁路固霸特大桥有部分应用以外，在国内外都极其少见。常规钻孔灌注桩施工，工艺要求高，环境污染大，因此，在厚砂层地质条件下 350km/h 高速铁路桥梁建设，采用了大直径预应力管桩静压引孔沉桩施工技术。预应力管桩沉桩施工具有更快的施工速度，更高的机械化作业水平，还能够有效保护周围的地质环境，避免大量排泥造成的环境污染。

3. 节段拼装造桥机拼装技术

郑济铁路预制桥梁中存在连续梁部分采用节段拼装预制技术，该施工技术精度要求较高，拼装过程较为复杂。针对桥梁所处地理位置与桥梁情况，就连续梁部分采用专项施工方案，即采用节段预制工艺，并采用造桥机进行辅助拼装。采用这一施工技术减少了材料浪费以及劳动量，有效避免了不合格产品的产出。

4. 箱梁运梁架梁施工技术

郑济铁路清丰特大桥墩帽采用场内智能化生产、现场安装，该技术属首次在高速铁路桥梁工程建设领域大规模应用。预制拼装桥墩为双柱式空心结构，由两个预制空心圆柱形墩身和一个预制墩帽组成，整体呈门式结构。墩身与承台及墩帽之间采用湿接法连接，现场安装时由墩梁一体机实现箱梁与预制桥墩的同步架设施工。该技术的应用减少了机械设备的租赁费用，提高了预制箱梁、桥墩的拼装效率与拼装质量；而且运架过程中机械化利用率及转换能效高，减少了环境污染与能源浪费。

2.5 项目创新点

2.5.1 技术性创新

本项目采取多种新兴技术措施：大直径预应力管桩静压引孔沉桩施工技术、高速铁路墩帽自动化预制施工技术、高速铁路桥梁墩梁一体化架设施工技术、高速铁路圆形空心墩柱流水线预制施工技术、预制墩身内模自动开合技术、预制墩柱墩帽生产线新工装、预制空心圆形墩柱模板自动化技术、预制桥墩圆箍筋焊接机器人、钻孔桩桩头钢筋隔离技术。

1）大直径预应力管桩静压引孔沉桩施工技术，如图 2-3 所示，采用 ZYJ-1260BK 引孔式静力压桩机，兼备引孔和沉桩两种功能，可完成复杂地层引孔沉桩一体作业。

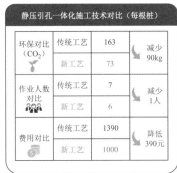

静压引孔一体化施工技术对比（每根桩）			
环保对比（CO_2）	传统工艺	163	减少90kg
	新工艺	73	
作业人数对比	传统工艺	7	减少1人
	新工艺	6	
费用对比	传统工艺	1390	降低390元
	新工艺	1000	

图 2-3　大直径预应力管桩静压引孔沉桩施工技术

2）高速铁路墩帽自动化预制施工技术，如图 2-4 所示，预制墩帽智能化生产线包括钢筋笼入模、浇筑振捣、蒸养、脱模、模板清理、喷涂脱模剂 6 个工位，流水线通过智能控制物流系统，使各工位按照工序作业顺序完成墩帽生产。

墩帽智能化预制施工技术对比			
工效对比（个/天）	传统工艺	0.5	每天增加1个
	新工艺	1.5	
作业人数对比	传统工艺	35	减少25人
	新工艺	10	
费用对比	传统工艺	24151	降低9851元
	新工艺	14300	

图 2-4　高速铁路墩帽自动化预制施工技术

3）高速铁路桥梁墩梁一体化架设施工技术如图 2-5 所示，研制并应用了国内首台高铁预制桥墩专用 JD90 型架墩机，首创了高速铁路墩梁一体化架设施工工法，实现了预制墩柱、墩帽线上高效运输，以及桥墩精准拼装、箱梁一体化架设。

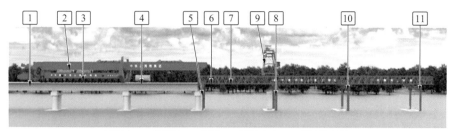

1-运梁车；2-架桥机；3-托盘；4-辅助台车；5-后辅助支腿；
6-主梁；7-发电机组；8-后支腿；9-架墩门吊；10-中支腿；11-前支腿

墩梁一体架设设备

墩梁一体化架设施工技术对比			
工效对比（跨/天）	传统工艺	0.5	提高0.5跨
	新工艺	1	
作业人数对比	传统工艺	16	减少6人
	新工艺	10	
费用对比	传统工艺	21956	降低5419元
	新工艺	16537	

图 2-5　高速铁路桥梁墩梁一体化架设施工技术

4）高速铁路圆形空心墩柱流水线预制施工技术如图 2-6 所示，建设预制墩身自动化生产线，主要包括钢筋加工绑扎区、墩柱生产区、蒸汽养生区和存放区 4 个区，共配置 3 套自动走行开合模板，日均可完成 3 个墩柱预制。

墩柱自动化预制施工技术对比			
工效对比（个/天）	传统工艺	1.5	每天增加1.5个
	新工艺	3	
作业人数对比	传统工艺	23	减少14人
	新工艺	9	
费用对比	传统工艺	10965	降低6915元
	新工艺	4050	

图 2-6　高速铁路圆形空心墩柱流水线预制施工技术

5）预制墩身内模自动开合技术如图 2-7 所示，空心墩身自动开合内模主要由模板、电动推杆、导向销组成。内模由长度不等的若干节段组成，通过增减节段适应不同高度预制墩柱，采用电动推杆进行脱模及合模，降低了操作工人的劳动强度，同时显著提高了模板开合的效率。

图 2-7　预制墩身内模自动开合技术

6）预制空心圆形墩柱模板自动化技术如图 2-8 所示，采用液压系统代替了传统吊车吊装外模，合、拆模时液压系统通过横移轨道将模板在浇筑工位与运载车之间往返运输，安装拆除过程更加便捷高效。

图 2-8　预制空心圆形墩柱模板自动化技术

7）预制桥墩圆箍筋焊接机器人如图 2-9 所示，设备单元系统主体由 2 台多功能六轴机器人配套全数字 IGBT 逆变控制自动焊接机和 2 套伺服滑台等组成，通过编程设置焊接机器人精准定位、焊接频率长度等参数，创新性实现预制桥墩圆箍筋骨架片的自动焊接功能。

图 2-9　预制桥墩圆箍筋焊接机器人

8）钻孔桩桩头钢筋隔离技术如图 2-10 所示，在桩基钢筋笼制作时将桩顶设计标高 10cm 以上桩头钢筋套上泡沫棉保护套，通过避免接触的方式使混凝土无法对钢筋产生握裹力和粘结力，有效避免了桩头钢筋剥除时损伤钢筋，同时显著提高了桩头破除的工效。

图 2-10　钻孔桩桩头钢筋隔离技术

9）预制墩柱墩帽生产线新工装如图 2-11 所示，主要包括装配式墩帽模具自动化清理设备、墩帽自动化浇筑振捣设备、脱模剂多向自动喷涂系统、装配式墩帽脱模系统、钢筋自动绑扎胎具、装配式铁路桥梁墩柱自走行开合模板系统、装配式墩柱外模自动清理喷涂装置、装配式墩柱内模自动清理装置、装配式空心桥墩顶部钢筋浇筑定位架、装配式铁路桥梁墩帽生产线双向轨行物流子母车组系统、一种制备铁路装配式空心墩柱的可收缩内模、装配式墩帽自动翻转装置。

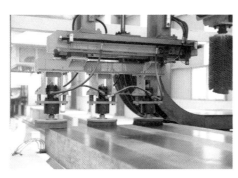
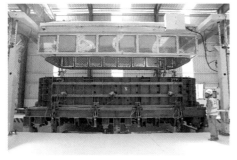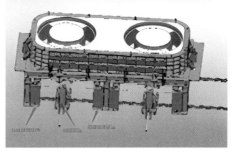

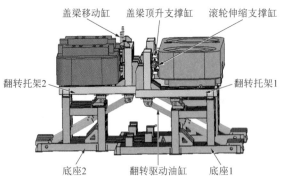

图 2-11　预制墩柱墩帽生产线新工装

2.5.2　自动化生产

对于装配式桥梁预制构件的制造阶段，基于对数字图像技术的钢筋骨架质量管理、"互联网+"的构件生产优化管理、自动化和机器人技术应用，使得智慧制造将更加趋于高质量制造、高效制造。在构件预制生产过程中，主要借助机械设备模板预制生产，预制构件厂施工操作时只需几名工人操作机器设备，大大减少了施工人员的聘用。在预制构件的生产计划阶段，主要包括预制计划排产和物资计划管理两个主要模块。在构件的生产计划阶段，引入构件智能排产的理念，自动排布预制计划及资源配置计划。在编制生产计划后，系统自动生成与之匹配的物资需求计划，按需发放物资，实现物资的计划性管控。

2.5.3 智能化管控

1. 智能化质量管理

智能施工管理平台的投入使用将传统的线下质量管理转变为线上质量管理，在提高施工效率与加强安全保障的同时，极大地降低了管理人员的工作量。在质量验收方面，通过线上智能施工管理平台设定质量验收流程，验收合格后，系统自动生成下道工序的生产任务。通过在系统内挂接关键工序的质量验收标准，在工序验收过程中，技术人员可通过手机随时调阅，实现对施工人员的业务知识培训，提高业务水平，同时减轻查阅资料的工作量，降低发生质量隐患的可能性。同时，根据铁路总公司的要求，预制桥墩在工序验收时需要采集验收影像资料，相比于容易丢失且不易整理的传统验收方式，通过智慧化平台与信息化手段能够在手机 App 调用摄像头拍摄验收影像资料，并自动挂接预制构件，实现对施工关键性影像资料的线上留存。

从混凝土构件生产方面而言，质量管理系统内预设混凝土试验流程，条件触发后自动生成试验任务，通过 App 采集试验数据后与构件绑定，并支持上传试验报告。系统通过传感终端构件自动采集混凝土蒸养温度信息，生成温湿度变化曲线。此外，构件报废/报修处理流程是质量管理系统的另一重要功能。

2. 智能化安全管理

施工现场通过安装视频监控智能分析人员是否按照规定佩戴安全帽，若未佩戴安全帽则推送安全报警信息，也可通过现场喇叭同步播报。在提梁机、架桥机、龙门式起重机、运输车安装摄像头，辅助设备安全驾驶，监控录像实时存储以供调阅。在厂区及生活区安装监控，监控数据与三维 BIM 模型结合，可在信息化中心动态监控实际生产情况。此外，系统与龙门式起重机、架桥机进行线上对接，动态掌握机械实时运转情况，当设备异常时自动触发报警。

智能安全管理系统能够根据不同危险源提前做好危险源识别，并对危险源做定期和不定期排查，利用不同管理岗位的职能，对项目施工生产过程中的危险源进行预判、预警、监理、整改等，使得项目质量安全得到有效的预防控制。

3. 智能化资源管理

智能化资源管理主要由人员管理、物资管理和设备管理三部分组成。人员管理实行线上劳务实名制管理系统和智能人脸识别技术，从人员进场、培训、作业、离场等全过程进行信息化、实名制动态监管，并自动生成人员考勤明细。物资管理则实现线上录入并留存物资验收、入库、试验、发放以及物资周转调用跟踪管理等信息，实时更新物资库存数据，用数据支撑物资管理部门高效、科学决策。设备管理系统主要功能包括设备模具高效维保、能耗数据精准监控、运输车辆动态追踪，并支持与其他智能化设备对接，协助管理人员实现对设备维护、车辆进出等信息的实时掌握与决策。

4. 智能化进度管理

日常进度管理采用信息化管理系统，将所有指令和通知转换成信息，做到高效、精准地上传下达，并保证信息传递渠道的畅通。构建后台管理基础数据库并实时更新施工进度，由系统自动生成可视化图表进行数据对比，直观地反映进度指标完成情况及落后原因，并对管理人员发送进度预警与预测信息，实现数字化、智能化进度管理。

5. 智能化成本管理

项目成本管理信息系统以项目合同清单为主线，将项目收入管理、责任成本预算、收方结算过程控制、核算分析、控制调整的全过程进行融合，实现成本管理相关业务的控制，将成本管理与资金支付相关联，在施工过程中对工程数量、劳务单价、主要材料消耗、机械费用等进行有效把握。

第 二 篇

技 术 篇

第 3 章

装配式桥墩智慧建造一体化关键技术

3.1 高速铁路桥墩自动化预制施工技术

3.1.1 技术问题

高速铁路施工中预制构件施工是铁路建设中最后一道实体工序，也是提高整体铁路施工形象的关键工序，是铁路建设的靓丽名片。随着我国高铁建设的不断推进，预制构件生产的需求在不断加大，标准也在不断提高。采用高速铁路装配式桥梁自动化预制施工技术，对比传统的现场浇筑施工，能够尽量减少现场混凝土浇筑的工程量，减少施工占地，合理减少施工工期，使铁路和市政桥梁建设更环保、少干扰、更安全、高质量、快速及低消耗等。

该技术重难点在于桥墩构件的拼装过程。墩柱预制拼装工艺主要有：承台预留钢筋埋设、拼接面坐浆、构件吊装、位置校核及套筒灌浆等。其中关键技术要点的质量控制好坏直接关系到拼装的成败。例如：

（1）拼接过程中预埋钢筋的位置和尺寸不精确，预制墩柱和盖梁可能无法对接成功；

（2）吊装过程中墩柱翻转或吊点的受力不当，易造成预制构件的混凝土发生破坏；

（3）坐浆过程中拼装面垫层密实度达不到规范要求，严重影响预制构件的拼接质量；

（4）压浆过程中受施工时间、温度及灌浆料质量等因素影响，或因某个套筒压浆工艺作业不当，也极易导致套筒内灌浆质量不符合设计要求。

3.1.2 工作原理

在墩帽预制过程中，主要采用反向预制的方法，首先在钢筋加工车间内加工钢筋骨架，再运送至位于 RGV 小车上的模板内，由 RGV 小车将墩帽模板及钢筋骨架运输至浇筑振捣工位进行混凝土的浇筑，完成后运送至蒸养工位进行蒸养养护。当构件强度达到拆模后，再由 RGV 小车运送至脱模工位拆模，并使用龙门式起重机运送至翻转工位进行两次 90° 翻转使墩帽回正。拆模后的模板由 RGV 小车运送到自动清模工位进行清理，最后对模板喷涂脱模剂。墩帽各工序均为机械化操作，模具在各工位间的运输通过物流子母车组系统完成。

在墩柱预制过程中，项目采用装配式墩柱流水线式生产的施工工艺，研发一套适应墩柱自动生产线的设备，包括钢筋笼自动焊接设备、钢筋笼自动绑扎设备、外模打磨设备、内模打磨设备、墩柱侧模自走行架体、墩柱自伸缩内模、墩柱翻转设备。通过这几台设备进行预制墩柱施工的自动化、工厂化生产。生产过程中以工业化建设信息服务平台为控制中心，对预制墩柱生产线上的各道工序及工装设施进行实时监控，实现预制墩柱生产的智能化施工及质量管控。

3.1.3 装配式桥墩墩身预制施工技术

桥墩预制场预制墩柱生产采用自动化生产线和传统预制生产线相结合的生产方式，预制场预制墩柱墩高为5～9m，采用自动化生产线及常规预制施工。厂区内按功能主要分为三个区域。其中两个墩柱生产区主要由墩柱浇筑工位、模板整备工位等组成。墩柱生产区域功能划分如图3-1所示。

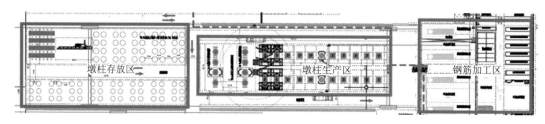

图 3-1 墩身生产区布置图

1. 工艺流程

装配式墩身采用自动化生产线生产工艺，以高度10.5m为界限，采用的施工工艺存在细微差别，主要涉及钢筋工程、模板工程以及混凝土工程等。装配式墩身具体预制工艺流程如图3-2所示。

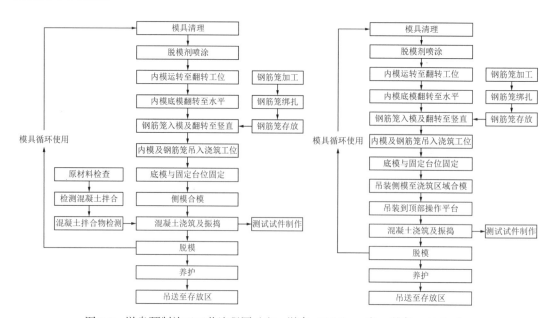

图 3-2 墩身预制施工工艺流程图（左：墩高 ≤10.5m，右：墩高 ≥10.5m）

2. 模板工程

模板由内模、外模、台座三部分组合而成，该类模板需要由专业厂房定制且钢板厚度需要在 6mm 以上。模板均采用定制钢模板，横向及竖向加固采用型钢骨架，且必须保证板面符合要求，表面光泽明亮。模板平面布置图及模板立面布置图如图 3-3 所示。

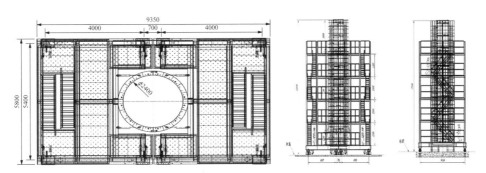

图 3-3　模板平面布置图（左）及模板立面布置图（右）

模板安装与拆卸的施工全程机械化作业，只需操作工进行按键操作，自动化程度高，生产效率高，质量容易控制，安全快捷。

1）模板安装

模板安装顺序：底模清理，调整底模反拱→支座板、防落梁预埋件、钢筋安装→内模支腿安装→内模吊装→端模安装→顶板钢筋吊装。模板清理后，采用抓取机抓取转运至布料振动台上，用液压夹具扣住模具上对接预留口处，使模具牢固密贴在振动台上；左右方向利用振动台两侧气压夹紧器，将模具固定在预设位置，防止对位偏差。

模板的加工原装尺寸允许偏差执行《铁路混凝土工程施工质量验收标准》TB 10424—2018、《高速铁路桥涵工程施工质量验收标准》TB 10752—2018、《新建郑州至济南铁路濮阳至省界段装配式桥梁下部结构施工质量验收标准（暂行）》和《新建郑州至济南铁路濮阳至省界段装配式桥梁下部结构施工技术规程（暂行）》。底模、端模、侧模、内模加工与安装尺寸允许偏差要求如表 3-1～表 3-4 所示。

底模加工与安装尺寸允许偏差　　　　　　　　　　　表 3-1

序号	检查项目	允许偏差	检验方法
1	底模全长	±10mm	50m 钢卷尺检查
2	底模支座中心线间距	±5mm	50m 钢卷尺检查
3	底模宽度	+5mm，0	卷尺检查
4	底模反拱值偏差	≤2mm	水平仪检查
5	底模板中心线与设计位置偏差	≤2mm	全站仪检查
6	支座板处的任意两点高差	≤1mm	水平尺检查
7	表面不平整度	≤2mm/m	1m 靠尺检查
8	预留孔位置	正确	50m 钢卷尺检查

端模加工与安装尺寸允许偏差 表 3-2

序号	检查项目	允许偏差	检验方法
1	端模长	±10mm	50m 钢卷尺检查
2	端模高	+5mm，0	卷尺检查
3	底板厚度	+5mm，0	卷尺检查
4	顶板厚度	+5mm，0	卷尺检查
5	腹板厚度	+5mm，0	卷尺检查
6	顶板的中心位置偏差	≤5mm	拉线检查
7	预应力孔道位置	≤3mm	卷尺检查
8	两端端模内间距	±10mm	50m 钢卷尺检查

侧模加工与安装尺寸允许偏差 表 3-3

序号	检测内容	允许偏差	检测方法
1	侧模全长	±10mm	尺量
2	桥面总宽度	±10mm	尺量梁端、3L/4、跨中、L/4 截面
3	桥面板中心与设计偏差	≤10mm	尺量梁端、3L/4、跨中、L/4 截面
4	模板倾斜度偏差	≤3mm/m	尺量
5	预留孔位置	正确	尺量
6	侧模不平整度	≤2mm/m	尺量
7	对角线长度	±10mm	尺量

内模加工与安装尺寸允许偏差 表 3-4

序号	检测内容	允许偏差	检测方法
1	内模全长	±10mm	尺量
2	内模高度	0，−10mm	尺量
3	内模宽度	0，−10mm	尺量
4	模板不平整度	≤3mm/m	1m 靠尺
5	腹板倾斜偏差	≤3mm/m	尺量、3L/4、跨中、L/4 截面
6	预留孔位置	正确	尺量

2）模板拆除

模板拆除顺序为：内模侧板连接支撑拆除→松内模侧板→端模整体拆除→梁体进行预张拉→侧模千斤顶松动→内模脱出移出台位。振动作业完成后，松开气缸和液压阀门，将夹具解除，模具转运至暂存工位。翻转机夹取托盘翻转至暂存工位，对位将模具销栓牢固，带其一同翻转至脱模工位，将脱模销栓打开，让构件和托盘一同放置在脱模工位上，将模具翻转至模具回转工位上，完成模具的使用过程。

模板拆除时，应经实验室试压随梁养护混凝土试件强度，梁体混凝土芯部与表层、箱内与箱外、表层与环境温度的差异均不超过 15℃，需要混凝土强度达到 33.5MPa 以上，且实验室出具箱梁拆模通知单的情况下才能进行拆模工作。

3. 钢筋工程

墩柱钢筋笼的环筋网片采用钢筋自动焊接机器人进行加工，环筋网片加工完成后利用钢筋笼绑扎胎具进行钢筋笼的绑扎工作。钢筋笼绑扎时先将下层限位架体水平放置在底座上。然后将环筋网片依次摆放在下层限位架体上。摆放完毕后，安装上层限位架，锁定环筋网片。最后在纵筋安装辅助机构的辅助下，将纵筋依次穿过各环筋网片，并与环筋网片绑扎固定，最后完成墩柱钢筋笼的绑扎工作，钢筋加工步骤如图 3-4 所示。

在专用胎架上将钢筋笼绑扎完成后，将钢筋笼吊装至运输小车上，再由运输小车将其运输至墩柱生产区的 120t 龙门式起重机施工范围内，利用吊具将钢筋笼吊运至墩柱内模处，将墩柱外模进行合模并在墩柱顶部安装好钢筋定位架。

钢筋笼合模步骤：利用胎具进行钢筋笼的绑扎，采用桁吊将钢筋笼吊装至移动支架车上，然后采用移动支架车自动运载钢筋笼插入墩身的内模，直到整个钢筋笼进入模板中完成钢筋笼插入工作。为了便于混凝土的浇筑工作，采用翻转机将钢筋笼、内模及底模翻转至竖直状态。

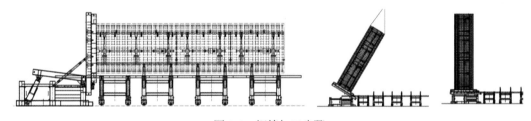

图 3-4　钢筋加工步骤

4. 混凝土工程

1）预埋件安装

墩身钢筋绑扎时，在墩身预留圆形吊装孔洞。墩帽、墩身和承台的接地端子均设置在桥墩大里程侧立面，接地钢筋利用结构内部钢筋，墩帽与墩身之间的接地端子通过不锈钢连接线连接。根据要求，需要在墩柱顶部预埋 4 根钢棒，钢棒详细位置如图 3-5 所示。每根钢棒一部分埋入墩柱，剩余部分插入墩帽预留孔内进行灌浆处理。

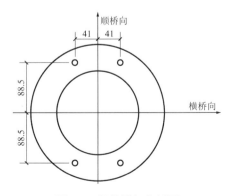

图 3-5　钢棒详细位置图

2）混凝土浇筑

外模合模后利用布料机或泵车对墩柱进行混凝土的浇筑工作，振捣时以外模自带附着式振捣器为主，插入式振捣器为辅的方式进行振捣。并采用立式浇筑工艺进行浇筑，混凝土采用 C40 混凝土，浇筑地点在预制工厂内，混凝土通过车辆运输到浇筑现场，并通过布料机进行浇筑。布料机入模采用与串筒连接，通过串筒传入模内的方式浇筑，墩身混凝土浇筑及现场布置如图 3-6 所示。

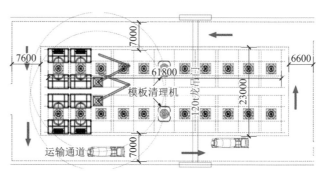

图 3-6　墩身混凝土浇筑（左）及现场布置图（右）

5. 墩柱养护与存放

1）墩柱养护

预制桥墩养护采用蒸养罩覆盖进行蒸养养护，在墩柱浇筑完成后，模板自动加热并原位蒸养 16h。脱模后在原位加罩蒸养棚蒸养 48h。墩柱达到强度后，通过龙门式起重机转运至存放区。

2）模板拆除与清理

预制墩柱模板采用智能模板，混凝土蒸养完成后，强度达到 2.5MPa，由人工操作模板控制系统进行侧模拆除。外模自动走行到整备区，内模在电控系统作用下自动收模，再整体用龙门式起重机吊运至整备区进行清理，拆除侧模及吊出内模如图 3-7 所示。

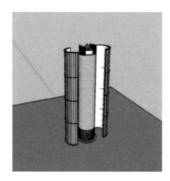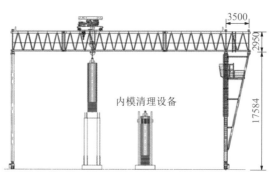

图 3-7　拆除侧模（左）及吊出内模图（右）

模板拆除后通过龙门式起重机转运至模板打磨位置，进行吊装清模设备与模板固定，设备自动打磨、喷涂。打磨和喷涂脱模剂设备通过数控系统来完成内模的清理和喷涂。

3）墩柱存放

墩柱存放区采用混凝土基础。存放采取单墩站立式存放，存放区按照 2×3、2×4 为一组，每根墩柱间距为 1.5m，每组间距为 4m 布置，墩柱存放区共设置 9 组墩柱存放位，共 60 个存放位置，如图 3-8 所示。墩柱存放时，外露的预留筋需要刷涂水泥浆，防止钢筋锈蚀。

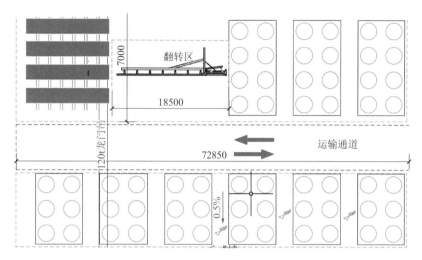

图 3-8　墩柱存放区平面布置图

3.1.4　装配式桥墩墩帽预制施工技术

桥墩预制场墩帽智能流水线通过智能控制系统操控智能化工位的方式实现墩帽智能化、工厂化生产。通过集中控制系统控制钢筋笼入模工位、浇筑振捣工位、蒸养工位、脱模工位、模板清理工位、喷涂脱模剂工位、物流自动控制系统，使各工位按工序顺序完成墩帽生产，构件和模板在工位间的流转通过 RGV 轨行小车的方式实现，如图 3-9 所示。

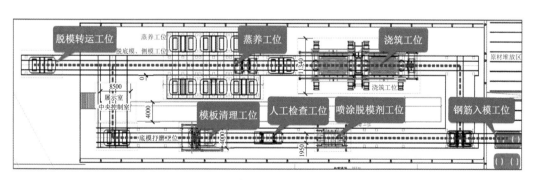

图 3-9　墩帽智能化生产线平面布置图

1. 工艺流程

装配式墩帽采用自动化流水生产线，生产中重点的工程为模板工程、钢筋工程以及混凝土浇筑与养护工程。装配式墩帽预制具体工艺流程如图 3-10 所示。

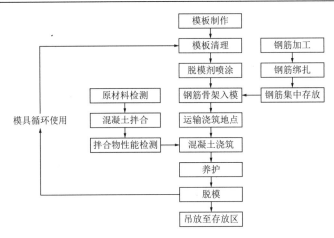

图 3-10　墩帽预制工艺图

2. 模板工程

预制墩帽采用由大块拼装无拉杆式的钢模板，该模板需由专业工厂预制，内部没有设置对拉杆，钢板厚度不小于 6mm，板面接缝必须保证平整，无明显接缝痕迹，模板必须表面光泽明亮，如图 3-11 所示。模板横竖向加固采用型钢骨架，具备自动开合功能。

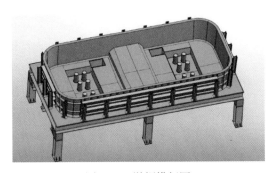

图 3-11　墩帽模板图

3. 钢筋工程

钢筋加工采用钢筋场集中加工，预制构件钢筋笼的加工采用钢筋精加工的方法，钢筋笼在特制的胎架上加工完成。在加工过程还应该确保钢筋笼牢固，以及确保钢筋笼受力钢筋不发生形变，如图 3-12 所示。

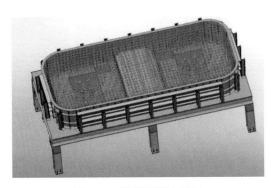

图 3-12　墩帽钢筋布置图

4.混凝土工程

1）预埋件安装

墩帽钢筋在绑扎时，需要连接槽内钢筋以及安放成型泡沫板。预制墩帽在墩柱预埋钢棒对应位置预埋金属波纹管，待墩帽浇筑完成后对金属波纹管内进行注浆处理，如图 3-13 所示。

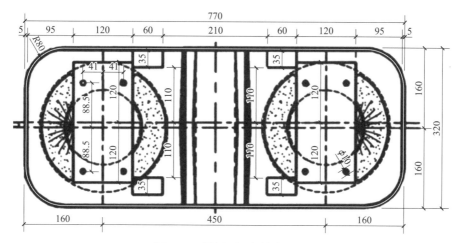

图 3-13　墩帽预埋钢棒布置图

2）混凝土浇筑

墩帽和垫石的混凝土都采用罐车运输至现场浇筑，混凝土采用 C50 混凝土。施工工艺流程为：RGV 小车载钢筋笼驶入工位；预制墩帽采用 C50 钢筋混凝土，混凝土浇筑时由罐车运输混凝土至厂房外拖泵旁，布料机的操作需要配合人工，进行材料放置；振捣小车移动至浇筑台位，对准钢筋笼空挡，随后自动插入振捣；自控系统控制振捣设备在框架梁上纵向移动和自动提拔振动棒；在浇筑至接近顶面时，圆环形顶模自动落位并继续完成浇筑，如图 3-14 所示。

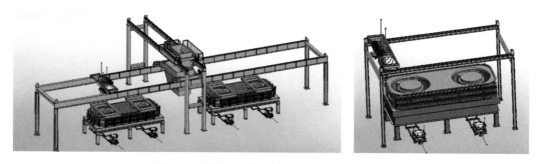

图 3-14　混凝土浇筑图（左）及振捣图（右）

5.墩帽养护与存放

1）墩帽养护

墩帽浇筑完成后由 RGV 小车转运至蒸养养护工位进行养护，墩帽养护棚内共设置 6 个蒸养工位，分为两排均布在轨道两侧，上部整体架设蒸养棚，棚内为轨道凹坑和 6 个蒸养室,通过 RGV 子母车实现墩帽的进出运输,如图 3-15 所示。蒸养棚材质为保温彩钢棚,内部设置 3 根主蒸汽管道和 12 个蒸汽喷口,纵向轨道出入口,棚内设置传感器,根据工艺要求对墩帽进行温度与湿度控制,并记录温控曲线。

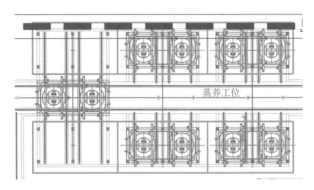

图 3-15　蒸养工位平面布置图

2)模板拆除与清理

RGV 小车从蒸养工位将墩帽运输至场外脱模转运工位进行脱模,随后利用龙门式起重机进行成品构件转运,如图 3-16 所示。

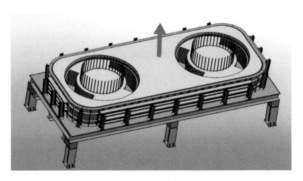

图 3-16　墩帽脱模图

RGV 小车将模板从脱模转运工位运送至清模工位,由自动清模小车使用打磨头对磨具进行清理。设备主要由清理台车系统、打磨头伸缩移动系统、防护系统、控制系统等组成,如图 3-17 所示。

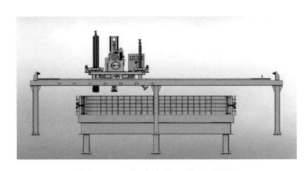

图 3-17　自动清模工位示意图

3）喷涂脱模剂

RGV 小车将模板从清模工位运送至喷涂脱模剂工位，自动喷涂脱模剂，随后抽排雾化后的残余脱模剂，并做清洁处理。工位主要由脱模剂过滤系统、喷涂系统、驱动系统、雾化参与处理系统、防护系统、控制系统等组成，如图 3-18 所示。

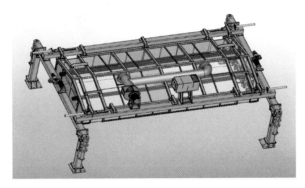

图 3-18　脱模剂喷涂工位示意图

4）墩帽存放

墩帽蒸养结束后，由 RGV 小车运出厂房，在墩帽翻转区采用翻转架将倒立墩帽进行翻转转正，再由龙门式起重机吊运至墩帽存放区。墩帽存放采取站立式存放，存放区按照 6×5 共 30 个存放位布置，每个墩帽间距长宽均为 1m，如图 3-19 所示。

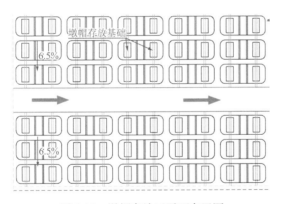

图 3-19　墩帽存放区平面布置图

墩帽存放时，对外露的预留筋刷涂水泥浆，防止钢筋锈蚀，同时存放期间严禁对预留筋进行损害。存放位底部必须处于平衡状态，保证墩帽存放平稳。

3.1.5　装配式桥墩现场拼装施工

桥墩拼装采用墩梁一体架设设备安装和履带吊安装两种方式。墩梁一体架设设备可进行桥墩安装和箱梁架设，桥墩构件使用运梁车由梁面运输至桥位，采用墩梁一体架设设备进行墩身和墩帽的安装。履带吊安装设备则进行墩身墩帽的拼装工作。桥墩拼装流程如图 3-20 所示。

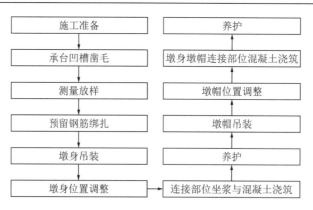

图 3-20　桥墩拼装流程图

1. 墩梁一体架设设备安装

墩梁一体架设设备可进行桥墩安装和箱梁架设，桥墩构件使用运梁车由梁面运输至桥位，墩梁一体架设设备安装墩身和墩帽，桥墩拼装完成效果如图 3-21 所示，具体施工步骤如下：

（1）在预制场进行墩柱的架设，并由龙门式起重机依次装入运载托盘；

（2）搬运机将运载托盘运送至提梁站台座上；

（3）提梁机将运载托盘吊运至运梁车上；

（4）运梁车运输运载托盘至架桥机尾部，并伸出支架保持架桥机稳定；

（5）架桥机进行墩身搬运时，采用后起重小车吊运 2 个墩柱至横移平台；

（6）采用横移平台横移驱动单个墩柱至箱梁中心；

（7）辅助台车抬运墩柱至架墩门吊，同时，架桥机前起重小车吊运单个墩柱至辅助台车；

（8）架桥机采用架墩门吊和辅助翻转台配合翻转墩柱至直立状态；

（9）架墩门吊吊运墩柱至待拼装的承台处，调整墩柱位置，拼装 1 号桥墩墩柱；

（10）按同样步骤，完成 2、3 号桥墩墩柱的拼装；

（11）墩柱架设完成后进行墩帽的拼装施工，与墩柱架设步骤相同，完成 1、2、3 号桥墩墩帽的拼装；

（12）架桥机后起重小车吊运第 3 个桥墩墩帽至辅助台车后，运梁车运输空运载托盘返回预制场。

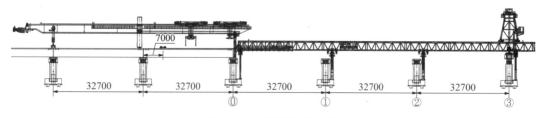

图 3-21　桥墩拼装完成图

2.履带式起重机安装

履带式起重机安装设备则进行墩身墩帽的拼装工作,桥墩拼装完成示意图如图 3-22 所示,具体施工步骤如下:

(1)墩身采用运输车运送至现场,运送过程注意保证墩身的质量,在现场设置墩身堆放场统一堆放桥梁的墩身;

(2)墩身在架设时,首先将墩身放置在翻转架上,然后采用吊具将墩身吊转至竖直的状态,便于后续吊运;

(3)采用起重机将墩身吊运至施工位置上方,进行对位,检查无误后将墩身垂直放置在施工位置;

(4)墩身相关施工措施施工完毕后,采用起重机将墩帽吊运至墩身上方进行墩身墩帽拼装工作;

(5)桥梁的墩身墩帽拼装完成后,需要进行墩身墩帽连接处的混凝土浇筑,浇筑过程采用人工浇筑。

图 3-22　桥墩拼装完成图

3.2　管桩静压引孔沉孔施工技术

3.2.1　技术问题

高速铁路桩基施工时常采用静压管桩施工技术,易出现以下问题:

(1)该项目是首次在高铁大范围应用大直径的桥梁管桩,国内相关施工经验较少。需要进行管桩试桩工作,试桩完成后才能开展后续工作,时间周期长。

(2)静压管桩属于挤土桩,成桩过程的挤土效应在饱和黏性土中是负面的,常导致断桩(接头处)、裂桩、桩体上浮、降低承载力、增大沉降,要补桩、加桩,增加成本,易造成周边建筑、市政设施受损。

（3）成桩困难，砂层厚，在砂层中沉桩端阻力极大。不能穿透硬夹层，往往使得桩长过短，持力层不理想，导致沉降过大。锤击沉桩工艺中，沉桩总锤击次数要求多。

（4）桩的施工时间长，成桩工效低。引孔压桩法针对的地质情况复杂，有黏土、砂层、卵石层相互交替，硬夹层较多，桩端持力层较浅，压桩机无法穿透的情况，引孔机能够先行穿入，给后续压桩施工做好准备，满足设计有效桩长的要求后，只需控制桩端持力层岩样和终压力值 3700kN 并保证至少复压三次累计沉降量小于 1cm 即可。

先引孔后压桩，可减小一般压桩工艺在施工过程中的挤土效应。因为引孔机事先已按桩位把桩孔大部分岩土取出，形成一个相对孔洞，对桩周土体摩擦挤压力大大减小，从而避免管桩上浮和重新复压。针对郑济高铁所处的地质条件，采用该技术，成功避免了传统灌注桩带来的环境污染问题，同时也提高了施工效率，在一定程度上缩短了工期。此外，长螺旋干作业钻孔对地层适应性强，当遇砂层、圆砾层、卵石层较厚、压缩系数低的黏土时，预制桩难以穿过（常需打超前取土孔，致使孔壁应力释放，从而满足预计承载力要求），长螺旋干作业钻孔桩却能顺利穿透，一次成桩且可有效避免桩偏斜、桩身或接头折断、桩头破损的通病，施工易于控制，成桩质量可靠。

因此，针对大直径预应力管桩的施工特点以及现场施工的地质条件，本工艺结合静压和长螺旋施工方法，采用二者优势，既利用静压机和配重的自重，克服桩身的侧壁摩阻力和桩端土层的阻力，将桩体沉到一定标高，达到沉桩的目的；又通过采用长螺旋钻机引孔挤土，当预制桩打入到砂层，贯入度发生明显改变时，减少预应力钢筋混凝土预制桩通过砂层时的桩端阻力，使预制桩顺利穿过砂层。

3.2.2　工作原理

高速铁路装配式桥梁大直径管桩静压引孔施工技术适用直径 1000mm 的非岩性穿越砂层预应力混凝土预制空心管桩静压沉桩施工。管桩静压引孔施工技术采用桩机进行取桩以及打桩作业，整个施工作业中最重要的工序为垂直度控制，自打桩开始就要进行垂直度控制，防止桩入土倾斜而影响成桩质量。此外，长螺旋干作业钻孔是一种无泥浆循环的机械式干作业连续成孔施工方法，钻头切削下来的钻渣通过螺旋钻杆叶片不断从孔底输送到地表。对地层适应性强，适用于填土、黏性土、粉土、砂性土、圆砾层、卵石层、强中风化岩石等。孔底无虚土，孔壁、孔底不受泥浆污染，桩与桩壁无泥皮界面，无噪声、无振动。施工速度快，明显缩短业主投资周期，见效快。成孔过程将孔内土自上向下按顺序取出的过程，操作人员、监理工程师、业主能直观地看到孔位处的地层实况，能较好地把握复杂地层地质情况，克服因勘察布孔少引起的地层反映不全面的问题。

3.2.3　工艺流程

针对项目所处地点的特殊地质条件，常规灌注桩不适应此地质，采用了管桩静压引孔施工技术。管桩施工具体工艺流程如图 3-23 所示。

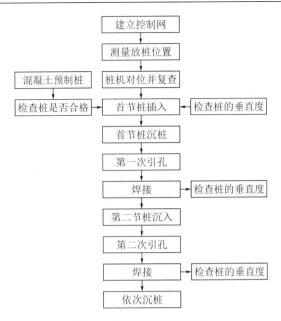

图 3-23　管桩施工流程图

1. 测量放样

采用 GPS 测量点位，并用木块打定位柱，放样后在四周增设护桩，检查桩的位置，并将误差控制在 5mm 以内，审查合格后方可进行沉桩施工。

2. 桩机安装

对施工场地内的表层土质进行压力测试，保证土地的承载力能够支撑沉桩机械施工，防止出现沉陷的情况，对局部软土可采用换填或铺垫钢板等处理措施。桩机安装完成后，及时检查桩机是否能正常工作。

3. 管桩吊运

采用静压机进行取桩。吊桩采用静压机自带的吊桩设备，并绑扎预制桩的前端进行取桩。取桩后将桩进行统一摆放，保证地面平整，防止桩倾斜。管桩一般堆放 1～3 层，同时堆放位置应该距离施工位置较近，如图 3-24 所示。

图 3-24　管桩取桩

4. 垂直度控制

在管桩桩底到达打桩的位置后，在进行打桩前，必须要对桩的垂直度进行控制，如图 3-25 所示。其中有两道关键工序，分别是对中以及调直，采用两台仪器进行垂直度的测量，测量位置需要离打桩机 30m 以上，同时观察角度需达到 90°，相隔 2m 进行一次测量，调直需要持续进行，直到桩打入 6m，以保证桩的受力均匀。

图 3-25　管桩垂直度控制

5. 打桩

安装设备起吊预应力管桩，将管桩放置到打桩位置，再将其提高到指定高度，摆放管桩使其与地面垂直，距离在 0.4m 左右，然后进行打桩工作，打桩观测平面如图 3-26 所示。打桩时，用仪器在测量的同时调节桩各个部位的相对位置，测量数据主要是桩的垂直度，同时调整桩架使桩的各个部位都垂直于地面。打桩时应该避免偏心锤击，时刻关注桩的垂直度，持续测量直到桩打入 5m 后，进行引孔施工。

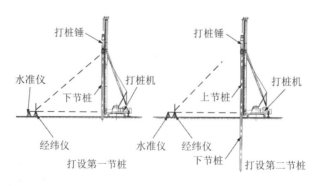

图 3-26　打桩观测平面图

6. 引孔

引孔施工主要采用长螺旋钻机引孔的方式挤土，引孔直径为 0.5m，以减少预应力钢筋混凝土预制桩通过砂层时的阻力,使其顺利穿过砂层打至设计深度,并确保沉桩施工质量。施工中及时清理孔口积土,防止土体回落到桩孔内。如果发生坍孔,停止所有工作,此时将长螺旋钻机由反钻改正钻,防止坍孔恶化。

预制桩试桩施工时在每节预制桩打入完成后,采用螺旋钻机分别进行引孔施工,引孔次数为 2 次。螺旋钻杆中心对准预制桩孔位中心,施工过程中保持钻孔垂直下沉,钻机塔身的前后、左右垂直标杆,检查塔身导杆,校正位置,使钻杆垂直对准孔位中心,垂直度小于 0.3%。

7. 接桩

为了便于焊接,需要留置 0.5m 以上桩在土层之外。待桩稳定后,需要预制桩固定放置以便于进行焊接工作,焊接前确认管桩质量,保证整洁。连续两节桩的桩身应该在同一直线上,且相邻端面无间隙。焊接采用对称焊的方法,先焊接对称的四个点,用于保持桩的稳定,最后焊接预制桩端板,施工采用二氧化碳气体保护焊。首先焊接接头经过 8min 自然冷却,冷却后进行涂抹环氧树脂涂料防腐,且涂刷 2 遍以上,同时应避免遗漏。焊接时间在 30~45min,焊缝质量应符合《钢结构工程施工质量验收标准》GB 50205—2020 的有关规定,采用超声波探伤,探伤比例不低于 20%。

8. 压桩

当桩端位于桩底标高后,在确认桩端进入设计持力层后,如果压桩力小于 3000kN 时,稳压时间不宜超过 10s,如果压桩力大于 3000kN 时,稳压时间不宜超过 5s,稳压次数不宜超过 3 次。压桩施工完成后,间隔一段时间再次压桩。成桩后使用直径为 1m 的木板将桩顶覆盖,并将预制桩四周使用防护网进行防护。

3.3 装配式桥梁节段拼装造桥机拼装技术

3.3.1 技术问题

装配式桥梁节段梁架桥机是架设节段梁最为重要的基础设备,节段拼装架桥机在设计制造时就应根据节段梁的构造,使其符合架设节段梁的技术指标需求和施工环节的工艺需求,如单节段吊装、整孔梁承载、节段移动调节、整孔桥梁准确就位等。根据架桥机的结构特点和行走方式可将其分为上行式和下行式架桥机,它们具有不同的适用性和优缺点。

上行式架桥机不仅能实施后部喂梁,还可以实施下部喂梁,在跨越河流及道路的过程中,运用跨桥门式起重机把节段梁向桥面提升,再通过运梁车将其向架设位置纵向运输,然后采用后部喂梁技术实施架设。若地面具备较好条件,亦可采用下部喂梁,在地面采用运梁车将预制节段直接运输至架桥机下,再采用架桥机的起重天车实施提升及架设。由此而见,上行式架桥机最显著的优势是在实施后部喂梁的过程中,地形条件不会对其造成影响,另外在整孔梁架设就位时利用起重天车进行悬吊安装就位,施工方便,精确性高,但由于架桥机位于桥面之上，给架设施工作业带来了一定的风险。下行式节段梁架桥机主要在桥面以下工作，其工作优势是结构比较轻便，其行走地面的过程中风险较小，但是其喂梁的方式比较单一，只能利用配套的龙门式起重机将预制节段提升到主导梁之上后再实施喂梁。

该施工工艺主要在原位进行节段拼装，完成整孔梁的张拉后想要一步到位难度较大，需待架桥机走行过后，再采用支撑装置进行位置调整和纠偏。由于架桥机受不同地形的影响，跨越河流及道路时难度较大，安全风险高，尤其是跨路时还需阻断交通。架桥机安装作为节段梁施工前的重要部分，施工监测工作是关键内容。在安装的过程中一定要严格按照规定的方案进行安装和调试，并根据操作手册对运行中的架桥机进行必要的检查和保养，使架桥机的安全运行得到保障，并且，为保障节段拼装连续梁的质量，线形控制需贯穿整个拼装过程。

3.3.2 工作原理

现阶段桥梁节段预制技术主要有两种，分别是长线节段预制法和短线节段预制法。长线法是依据设计的预制梁线形，在一个长台座上预制所有块件，使两块梁板之间形成自然匹配面。短线法是在同一个模板内浇筑所有节段，模板的一端为固定模板，另一端为先浇筑节段，模板是固定不可移动的，其长度仅为节段长度。本工艺节段拼装连续梁梁段采用长线法，节段拼装连续梁部分梁体为单箱单室、变高度、变截面箱梁，底板、腹板、顶板局部向内侧加厚，均按直线线性变化。梁体采用 C50 混凝土，采用节段预制拼装连续施工共 32 个梁段，主跨跨中采用湿接缝合拢，长度 1m，如图 3-27 所示。节段的拼装采用节段拼装造桥机辅助施工，整个过程需要对节段线形进行控制。

长线法预制工艺需要设置节段拼装场地。设置 1 个长线制梁台座、存梁台座、存梁节块，以及配置连续梁钢模板。制梁台座上配置 1 台龙门式起重机，用该设备来进行模板及梁段节块吊装。预制场布置在清丰特大桥跨卫都路连续梁附近，场地长 200m，宽 17m，占地 3400m²，分为 6 个区域，分别是值班室、原材料存放区、钢筋作业区（包括钢筋加工区、半成品存放区及安装绑扎胎具 1 个）、制梁区、存梁区、提梁区。

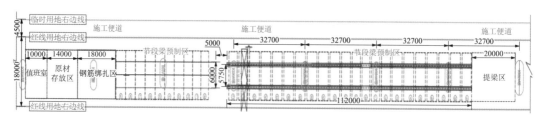

图 3-27 节段拼装梁场布置图

3.3.3 工艺流程

连续梁部分采用节段拼装预制工艺，在台座上进行梁段的预制施工，主要包括模板工程、钢筋工程以及混凝土工程。梁段具体预制施工工艺流程如图 3-28 所示。

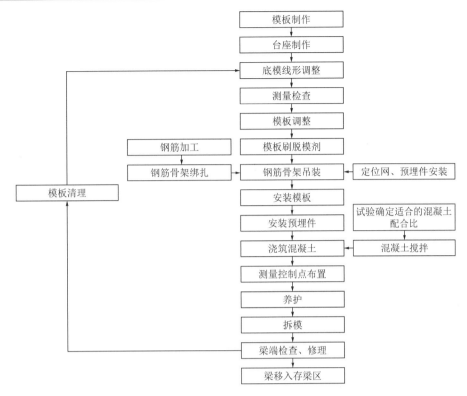

图 3-28 梁段预制工艺流程图

1. 模板工程

预制节段模板由底模、外侧模、内模、端模组成，都为钢制模板。模板安装顺序为：底模、侧模、端模、内模。底模表面需要光滑、平整，底模使用时，应检查底模的几何尺寸，不符合设计要求应及时调整，保持模板整洁并涂脱模漆。外侧模采用整体式大块钢模板，外侧模脱模后运送至下一个制梁台继续使用；端模采用钢桁架连成整体，保证端模在安装时的稳定性；内模主要由三部分组成，包括走行体系、液压顶调节以及支架千斤顶承重体系。制梁台座侧模以及单节段端模安装示意图如图 3-29 所示。

采用该模板可以实现内模高度的调整以及脱模。首先需要以浇筑完毕的梁作为端模，进行后续的梁段的浇筑，在施工前需要在两者之间涂抹隔离剂。脱模时需要均匀涂抹专业脱模剂，涂抹前需要把模板清理干净。梁段分离时对梁端进行清理，然后涂刷隔离剂。隔离剂需要进行两遍的涂刷，涂刷完毕后及时检查，如图 3-30 所示。

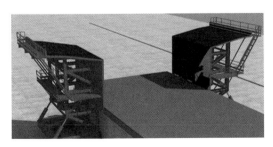

图 3-29 制梁台座侧模安装（左）及单节段端模安装（右）示意图

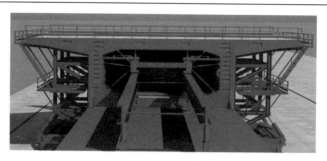

图 3-30　单节段内模安装示意图

2. 钢筋工程

钢筋主要在钢筋加工场进行绑扎，需要绑扎底板、腹板钢筋的骨架以及安装预应力管道。首先在胎具上进行钢筋的绑扎，钢筋垫块应该绑扎固定，并且在进行垫块放置时采用梅花形布置。钢筋绑扎工艺流程如图 3-31 所示。

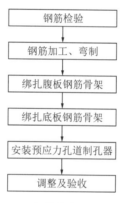

图 3-31　钢筋绑扎工艺流程图

钢筋骨架的移动采用龙门式起重机吊装到指定位置，并严格按照起重吊装作业操作规程要求，先试吊，确认钢筋骨架完全脱离绑扎胎具，吊点无明显变形、开裂、脱离等现象，吊架无明显倾斜，才能开始将钢筋骨架调离绑扎胎具。钢筋骨架入模前应检查模板是否符合要求，然后钢筋骨架方可入模，安装示意图如图 3-32 所示。

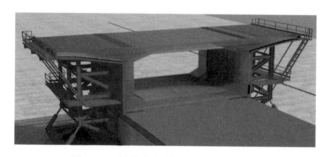

图 3-32　单节段钢筋骨架安装示意图

3. 混凝土工程

采用高性能混凝土，搅拌运输车从拌合站将混凝土运送至现场，到达施工地点后，采用混凝土输送泵将混凝土放入模板中，最后振捣。该项目的混凝土需要进行两次抹面。第一次抹面需要在振捣平整后；第二次抹面需要在混凝土初凝前，防止后面混凝土开裂。混凝土完成浇筑后，表面需要覆盖，并且预制的梁需要进行洒水养护。

4. 预应力工程

梁体采用两向预应力结构设计的预应力钢筋，分为体内和体外。体内预应力筋分为两个方向，张拉时先进行纵向预应力筋张拉，张拉完毕后，再进行横向预应力筋张拉。具体施工步骤分为：预应力钢绞线加工及安装、端面垂直于提前预埋的管道和螺旋钢筋的锚垫板安装、平行编束的钢绞线下料、钢绞线穿束、钢绞线张拉、孔道压浆、封端。

5. 模板拆除

拆除模板时需要混凝土达到 75% 的设计强度，同时梁体内外温度差需要小于 15℃。模板拆除顺序：外侧模、内模、吊离节段，模板拆除后进行清理工作，然后涂抹液压油，完成后将模板统一堆放，防止模板变形。

6. 节段起吊移存

梁段需要放置在存梁台座之上，采用龙门式起重机进行梁段移动。存放时需要依据拼装顺序，同时最多存放两层。

7. 梁体养护

带模养护期：梁体养护采用自然洒水养护，将自来水加压变成雾状或用喷水壶洒水，每 1～2h 进行一次洒水。同时，应对梁段做好保湿措施。

移梁至存梁台座养护：养护时间应按照混凝土养护相关要求进行养护，确保养护时间及养护效果达到要求。

8. 节段拼装连续梁的架设

1）总体拼装方案

采用造桥机进行箱梁节段拼装施工，造桥机采用原位拼装方式。待造桥机具备架梁条件后，首先在造桥机的位置放置预制梁段，梁段通过吊运移动。通过造桥机进行梁段放置，然后涂胶，再进行预应力施工，最后完成架梁。

2）节段吊装

首先需要将梁段放置在运梁车上，梁段采用龙门式起重机移动，梁段运送至造桥机下方后，将梁段运送到对应位置，最后将在悬吊装置上放置梁段，回转天车卸载，完成后进行下一梁段的运输，单节段安装如图 3-33 所示。

图 3-33　单节段安装示意图

3）涂胶工艺

涂胶施工工艺：采用无溶剂型桥梁专用环氧树脂胶粘剂，涂胶前应检查梁段端面以及孔道整洁。为了避免梁段的质量受到影响，需要对修理的部位进行磨平。采用圆形海绵垫施工，确保孔道内不流入其他材料，保证孔道的密封性不受影响。

采取分段分片涂胶，每个区域由上而下均匀涂抹。环氧密封胶从拌合到涂抹完成时间不得大于可施胶时间，且不大于 30min，其有效工作时间不得大于可粘结时间，且不宜超过 1h。在进行环氧密封胶涂抹前，为了防止其施工时对预应力孔道产生影响，需要做好相应防护措施，才可进行密封胶的施工。节段涂胶效果如图 3-34 所示。

图 3-34　节段涂胶效果图

4）临时张拉

临时张拉施工需要在涂胶施工完毕后进行。需要进行 8 根钢筋的张拉工作，张拉时应该左右对称进行，分为 4 个等级进行张拉。施工完成后，为了保证胶体不进入孔道，及时刮除多余的胶。节段临时连接效果如图 3-35 所示。

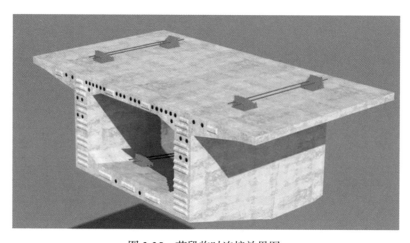

图 3-35　节段临时连接效果图

5）支座灌浆

在最后一段胶接完成后，检查高程与中线，无误后进行灌浆。灌浆采用角钢模板，材料采用高强干硬性无收缩水泥。灌浆需要灌满支座，采用一侧灌注的方式，直到支座板的下方被覆盖。

6）合拢段施工

采用吊架施工的方式。连续梁合拢段是整个连续梁施工中的重点，需要在环境温度低的天气快速完成施工，然后及时进行养护工作，在达到设计强度后进行预应力的张拉，防止质量受到影响。中跨合龙段截面如图 3-36 所示。

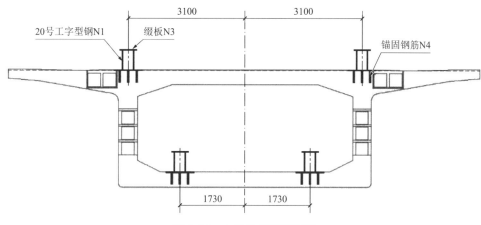

图 3-36 中跨合龙段截面图

7）预应力施工

施工前需要检查孔道，确保孔道整洁、无串孔、干燥。预应力施工时引线采用人工进行，引线完毕后钢绞线采用卷扬机穿入。张拉时需要两端同时进行张拉。通过桥下运输车喂梁，依次吊装另半跨全部节段（包括 1—9 号段，A—F 号段），以 0 号段为中心依次对称涂抹节段间环氧树脂，张拉临时预应力钢筋，安装半跨全部节段，安装边支座，张拉并铺固梁段内钢束，并及时压浆。

8）孔道压浆以及封端

张拉完毕后两天内进行压浆工作，提前预留至少 3cm 外露的钢绞线余头，其余部分均切除，采用真空压浆工艺。压浆前管道内应清除杂物及积水，压入管道的水泥浆应饱满密实，压浆顺序先下后上，同一管道压浆应连续进行，一次完成。水泥浆搅拌结束至压入管道的时间间隔不应超过 40min；压浆时浆体温度应在 5～30℃。压浆工作完成后进行封端工作，该工艺主要是对节段端部施工。首先进行钢筋绑扎，然后组装封端的模板，最后浇筑混凝土，并在新老混凝土接合处涂刷防水涂料。

9）节段拼装线形控制

整个节段拼装过程需要进行线形控制，流程如下：建立平面控制网和高程控制网、根据线路情况设计轴线控制点以及标高控制点、首段测量点的控制、整跨节段的测量控制。为了防止拼装过程的误差或首段定位的不准确，影响到拼装的梁体线形，在组拼接缝中可垫不同厚度的胶垫，以此减少合拢段处的线形偏差，逐节段进行纠偏，避免误差积累造成合拢段偏差过大。

3.4 箱梁运梁架梁施工技术

3.4.1 技术问题

传统的箱梁施工技术主要有现浇法和吊装法。前者是指在已经搭建好的支架和脚手架上，根据设计要求现场建立模板，然后将混凝土浇筑到模板中，经过一段时间硬化后，再逐步撤掉模板。后者指在工厂内预制好箱梁，然后通过专用运输设备运输到施工现场，再通过起重机或者其他设备将预制的箱梁部分吊装到位。这种方法相对于现场浇筑法工期短，质量容易保证。但仍存在以下问题：

（1）在现场浇筑法中，各结构部分的构造工艺要求非常严格，而且该工艺受气候、环境等影响大，工期长，人力和物力消耗大。

（2）在吊装法中，需要进行大吨位的吊装，对设备的要求高。

（3）该项目桥梁结构较多，不同结构的桥梁分布位置不同，分散在线路各个地方，运梁以及架梁施工过程存在风险，同时对工期有较大影响。

3.4.2 工作原理

高速铁路桥梁墩梁一体架设施工，是在原有提梁机、架梁机的基础上进行改进，与架墩机形成成套设备，实现梁、墩、帽一体化运输及架设施工的目的。工作时利用运载托盘实现墩柱、墩帽的承载及运输工作，提梁机将载有构件的运载托盘吊运至运梁车上，到达架设地点后，利用架墩机对墩柱、墩帽进行拼装架设施工，拼装完成后架设箱梁。

3.4.3 工艺流程

高速铁路装配式桥梁采用简支箱梁预制施工技术与架桥机架设技术，通过该技术可以进行箱梁统一批量预制，模板重复使用，减少了材料的浪费。预制完成后采用运梁车运送箱梁至现场，相较于传统方式，减少了人工成本，降低了施工成本。预应力施工过程、模板系统以及箱梁架梁过程，这几项施工工序对箱梁施工质量起决定性作用。

箱梁预制工艺较为复杂，包括钢筋工程、模板工程以及混凝土工程，最重要的是对箱梁进行三次预应力的张拉，严格把握张拉时间以及张拉条件，箱梁具体预制施工工艺流程如图 3-37 所示。

1. 箱梁模板

1）模板系统

模板采用自动化模板，箱梁内模按梁体长度进行分段，并且按照分段进行模板设计、制造。采用液压内模解决箱梁内截面不同以及空间狭窄的问题。将液压内模分为Ⅰ、Ⅱ、Ⅲ三个节段，模板如图 3-38、图 3-39 所示。

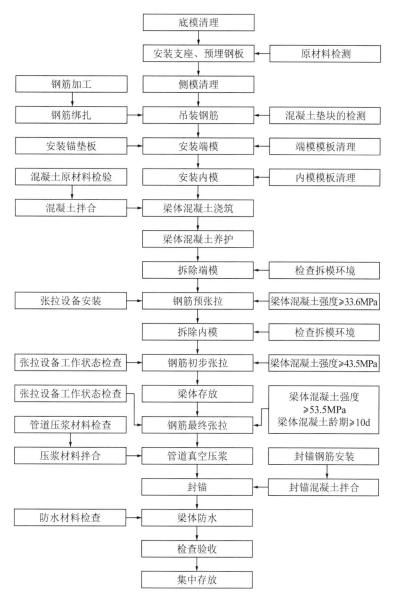

图 3-37 箱梁预制工艺流程图

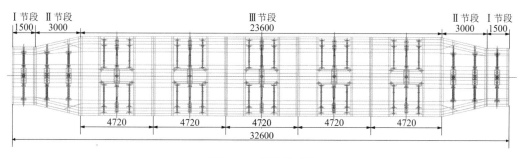

图 3-38 模板平面图

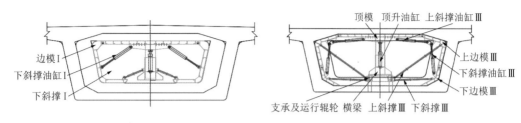

图 3-39   Ⅰ节段（左）及Ⅱ、Ⅲ节段截面图（右）

2）模板拆除

内模：内模拆除后，将内模还原为整体，然后拆除撑杆，最后将内模存放。

端模：端模拆模时首先将连接装置拆除，然后在模板四周各设一台油顶，确保四台油顶同步进行脱模，保证梁体质量。

（1）Ⅰ节段液压内模拆卸步骤，如图 3-40 所示。

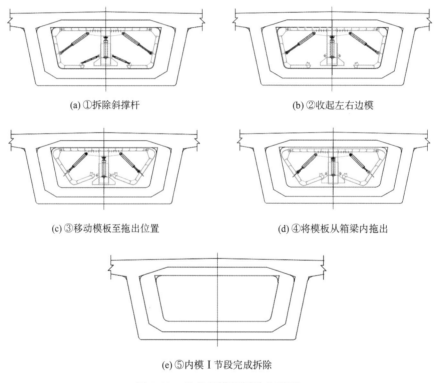

(a)①拆除斜撑杆   (b)②收起左右边模

(c)③移动模板至拖出位置   (d)④将模板从箱梁内拖出

(e)⑤内模Ⅰ节段完成拆除

图 3-40   Ⅰ节段模板拆除步骤图

（2）Ⅱ、Ⅲ节段液压内模拆卸步骤，如图 3-41 所示。

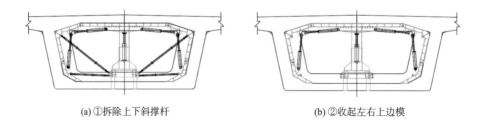

(a)①拆除上下斜撑杆   (b)②收起左右上边模

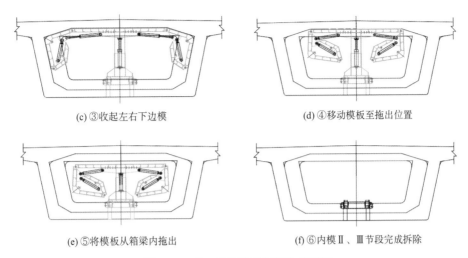

(c) ③收起左右下边模　　　　　　　　　(d) ④移动模板至拖出位置

(e) ⑤将模板从箱梁内拖出　　　　　　　(f) ⑥内模Ⅱ、Ⅲ节段完成拆除

图 3-41　　Ⅱ、Ⅲ节段模板拆除步骤图

3）箱梁蒸汽养护系统

为了缩短制梁工期，加快箱梁生产台座的周转时间，箱梁养护采用淋水养护或蒸汽养护。蒸汽养护系统具有温度控制准确、操作方便等特点。整个蒸汽养护系统由供热系统、通风系统、养护罩、温度控制系统等组成，保证养护的温度范围为 5～60℃。

4）钢筋绑扎胎模具

钢筋绑扎采用整体绑扎以及整体吊装方式，钢筋在固定的胎模具上绑扎，可以保证钢筋位置和间距的准确性。

5）钢筋起吊吊具

箱梁钢筋面积大，为钢筋保证起吊平稳、不变形，钢筋吊运采用专用吊具起吊，吊具制作考虑足够的刚度和耐久性，需要做好防水装置。

2. 钢筋施工

1）梁体钢筋绑扎

钢筋加工主要在钢筋车间内完成，钢筋绑扎在胎模具上进行。钢筋骨架在钢筋绑扎胎具上绑扎时，需要补入辅助钢筋将一些交叉点焊牢，但不得在主筋上起焊，焊点数量应尽量减少。

2）混凝土保护层垫块

采用高性能细石混凝土垫块，管道定位网的钢筋处布置垫块，沿梁长的方向布置。顶板处垫块的布设须考虑顶板钢筋刚度、钢筋保护层厚度以及混凝土浇筑过程中混凝土冲压及负重的影响，间距不能过大。

3）箱梁钢筋吊具

钢筋骨架绑扎完成后，为了保证安装正确，需要提前在底模画上跨中线与梁端线，距离模板 20cm 时开始对位。同时，调整梁端钢筋，防止与其他位置发生冲突，完成对位后放下骨架。在其到达规定地点后，再一次检查，保证位置准确。

3. 模板设计安装

制梁模板采用专业化工厂制造的模板，预制场内布置模板加工区和内模拼装区，进行模型组拼和修理。

1）模板设计

箱梁模板采用全自动液压式模板系统，由外侧模、液压内模、端模和底模构成。为了便于吊装，提前在模板顶部预留孔洞，同时为防止混凝土上涌，边侧采用钢模板作为压板。

2）模板工程施工

模板在模型工厂制造，后运至现场使用，经检查验收合格后再投入使用。

底模安装：面板朝下放置，然后焊接底振架与横挡，翻转面板，进行反拱抄平，最后于制梁台焊接。

侧模安装：首先进行粗调，并与底模对齐，然后调整垂直度，并与底模连接。

端模安装：端模与底模中线重合，并与侧模连接。

模板拆除：混凝土强度达 60%后拆模。

4. 混凝土施工

1）混凝土浇筑

混凝土浇筑需要在 6h 内一次浇筑完成。浇筑时需要连续浇筑，厚度小于 30cm，采用竖向分段、横向分层的方式。浇筑顺序：腹板与底板连接处、补地板空余、腹板、顶板。浇筑时避免阳光照射，浇筑时模板温度在 5～35℃，浇筑时温度不宜过高。混凝土从搅拌到泵送结束，应该在 45min 内完成，入模温度在 10～25℃，如图 3-42 所示。

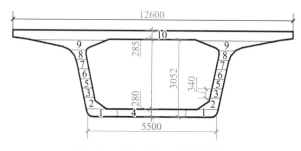

图 3-42　箱梁混凝土浇筑顺序图

2）混凝土养护

首先需要进行蒸汽养护，同时为养护装置配备温度自动控制系统，可以实现温度均衡上升，最后将温度控制在 60℃，提高养护质量。蒸汽养护结束后，进行自然养护。养护时保持梁体表面潮湿，白天确保每 1～2h 洒水一次，夜间间隔 4h，养护时间应大于 28d，但是当环境相对湿度大于 60%时，养护 14d 以上即可，在气温过低时及时喷涂养护剂，采取相应保护措施。

5. 脱模

箱梁拆模时的混凝土强度，要达到设计强度的 60%以上。梁体混凝土内部与表层、箱内与箱外、表层与环境温差均不大于 15℃；且保证棱角完整时方可进行拆模工作。气温急剧变化时不得拆模。

首先拆除内模撑杆，使模板板块处于自由状态，然后收缩两侧下梗肋模板，再收缩两侧上梗肋模板，最后利用卷扬机拖出内模。然后卸下连接锚垫板的螺栓，在其四周安装四个油顶同时进行端模拆模工作，并确保梁体质量不受影响。

6. 预应力施工

1）预应力管道安装与定位

采用橡胶抽拔棒进行孔道的施工，该孔道用于预应力施工。

橡胶棒的安装定位：首先进行管道放样，然后固定张拉管道位置，采用定位网固定，定位网与主筋焊接。主筋预扎完成后，将橡胶棒放置到指定部位，主筋进入制梁台后，进行制孔管的调整。

橡胶棒的抽拔：混凝土浇筑过程中应检查并转动橡胶棒，防止橡胶棒移位及被混凝土固定，待混凝土初凝后将橡胶棒拔出。

2）钢绞线

钢绞线长度需要满足孔道、张拉设备所需要预留的总长，切割完成后采用铁丝绑扎。首先检查孔道是否整洁，然后将钢绞线放置到管道，最后做好密封措施保证管内干燥。

3）预应力张拉

预应力分为预张拉、初张拉和终张拉三个阶段。张拉时保证左右两端同时进行张拉，确保伸长量相同。模板已拆除且梁的强度达到设计强度的 80% 时可进行初张拉，终张拉应在梁体达到架设标准 10d 后进行。

4）孔道压浆

孔道压浆需在终张拉完毕后尽快进行，采用管道真空辅助灌浆工艺。压浆前清除掉孔道内的杂物和积水，压浆水泥采用梁体混凝土同强度等级、同品种水泥，水泥浆的水灰比控制不超过 0.3，不得泌水，流动度控制在 30～50s。

5）封锚及简支梁封端

压浆之后进行张拉槽封锚，封锚混凝土不低于 C50。先将梁端凿毛，并将承压板表面杂质铲除干净，对锚具进行防锈处理，同时检查管道，确认有无漏压情况出现，设置钢筋网浇筑加膨胀剂的 C50 混凝土。封端混凝土表面与梁体端面平齐，严格控制浇筑封端后的梁体长度。

7. 箱梁存储

梁搬运时，机械先将梁吊起小段高度，停留几分钟，确认梁体无掉落前兆后，继续水平进行梁的搬运工作。制梁场对存梁台座附设相应的排水设施，台座四角设置橡胶材料支座，防止梁质量受到影响。

8. 箱梁架设

项目采用 900t 移梁机移梁、450t 提梁机、900t 架桥机架梁，以及配备 1 套运架设备。

1）箱梁架设工艺流程

箱梁预制完毕后采用架梁车进行架梁作业，采用运梁车运送箱梁以及架梁车架设箱梁，箱梁架设工艺流程如图 3-43 所示。

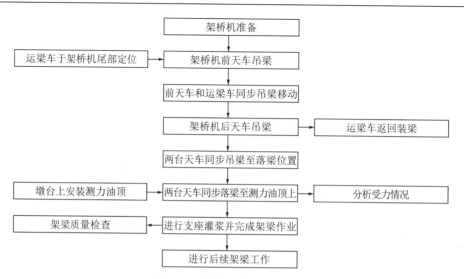

图 3-43　箱梁架设工艺流程图

2）等跨箱梁架梁机作业流程

首先提升架桥机的三号柱，移动走行轮组到支撑的位置并支撑，保持架桥机移动时的稳定性。将架桥机的二号小车移动至机臂的尾部位置，同时拆除二号柱处的支撑构件，然后开始移动架桥机，移动步骤如图 3-44 所示。架桥机纵移到指定位置后，支撑二号柱，架桥机稳定过后，提升一号柱后将其移动至下一个位置。架桥机一号柱需要移动至下一处未架梁的墩柱处，位置确认无误后将一号柱支撑起来。架桥机的小车移动到一号柱以及二号柱之间，提升三号柱到一定高度，并将三号柱外摆，此时支撑形成宽式支撑。架桥机三号柱支撑完成后，移动吊梁小车到二号柱以及三号柱之间，准备吊梁工作。

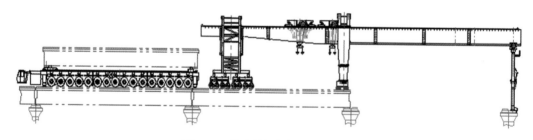

图 3-44　等跨箱梁架桥机移动步骤

3）架梁车架梁作业流程

运梁车从箱梁预制场运送箱梁至架梁车下方，待运梁车运梁就位后，支撑架桥机前后支腿。待前后支腿支撑完毕后，采取一号起重机进行取梁作业，取梁前检查吊梁前安全措施是否完成，流程如图 3-45 所示。开始吊梁前使运梁车制动，然后开始进行吊梁作业，采用一号起重机吊梁拖拉。一号起重机将箱梁另一端梁拖拉至运梁车边缘位置，此时采用二号起重机进行取梁，运梁车退回。采用一、二号起重机同时将梁起吊，并且将梁向架梁方向运送，两个起重机保持同步。两台起重机到达落梁位置后停止运动，同时进行位置调整，验证无误后完成落梁。

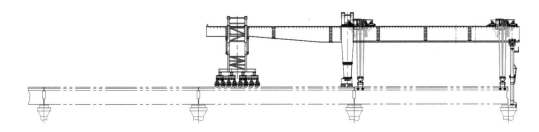

图 3-45 箱梁架设流程图

4）桥梁末跨架设流程

架桥机进行桥梁最后一孔箱梁的架设时，采用运梁车运梁的同时将架桥机的驮架运至现场。架梁过程保持驮架位置不变，待架桥机将最后一跨箱梁架设完毕后，采用吊梁小车将驮架吊送至运梁车上，流程如图 3-46 所示。采用架桥机的一号柱以及三号柱支撑架桥机，此时一号起重机位于机械臂的前端的位置，二号起重机用于拆除二号柱的下方横梁。运梁车运行至二号柱下方位置，二号起重机将二号柱的横梁放置在运梁车中部位置。二号柱横梁放置完毕后，采用起重机吊起驮架，将驮架支立在架桥机相应的位置。将架桥机的机械臂收回至驮架上，收回架桥机一号柱与三号柱，采用运梁车运送至下桥梁架设。

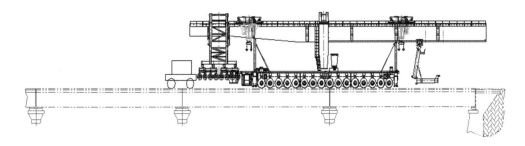

图 3-46 桥梁末跨架设流程图

第 三 篇

管 理 篇

第 4 章

预制构件生产的智慧化管理

4.1 生产背景

4.1.1 装配式桥梁

装配式桥梁是工业化的一种方式，由预制部品部件在工地装配而成的建筑属于装配式桥梁。随着装配式桥梁的发展，学术界从不同角度给出了定义，例如，预制桥梁侧重于建筑构件提前制作完成的"时间前置"属性，"作业场景"属性则没有限制即可在场外工厂环境或露天场地内作业；工业化建设强调"技术属性"，为了减少现场工作的一种构件在可控环境下生产的建造技术；模块化具有较为严格的"作业场景"属性和构件产品的"内容属性"，即一般各个模块在场外可控环境下生产并通过运输至现场装配完成，每个模块加工完成率能达到 95%以上，具有三维空间及使用功能的"内容属性"。

4.1.2 预制构件

越来越多的学者将现代管理理念和技术与预制构件的生产相结合，为预制构件的应用提供新的思路。装配式建筑强调节能减排、施工环境友好性、信息技术融合应用以提升质量管理效率和效果等方面的特点及优势，内涵得到了不断丰富。Costa 等为了方便构件生产商参与设计和建造过程，提出用语义技术连接预制构件和 BIM 模型，以协助设计团队组装和标注结构构件。Ergen 等为了解决预制构件的延迟交付和重复搬运等问题，提出了一种将RFID 与 GPS 技术相结合的自动化系统，以减少工人投入，提高工作效率。Wang 等针对预制供应链管理碎片化、可追溯性和实时性差等问题，将区块链技术引入建筑供应链领域，构建了预制供应链信息管理框架。

国内关于预制构件的研究起步较晚，学者们也在逐渐充实国内关于装配式建筑预制构件的研究。李瑞基于装配式建筑大规模推广的背景下，利用系统动力学方法分析预制工厂存在的生产问题，并提出解决方案。赵辉等考虑到预制构件生产商会随着装配式建筑的普及而越来越多，对构件生产商的选择评价进行了研究，通过建立评价指标体系对生产商进行管理。陈伟等对预制构件的质量管理进行了研究，利用系统动力学方法建立了预制构件质量链管控模型。还有一些学者对预制构件的订单决策进行了研究，王卓将供应链协同理念引入到预制构件供应链中，结合构件的生产特点，构建了预制构件供应链的订单协同决策模型。

4.1.3 智慧化管理

1. 设备管理精细化

实现设备精细化管理是智慧化管理的前提。设备作为重要的一项生产要素，应视为企业管理的重点对象，对重资产企业来说尤为重要。设备安全、稳定、经济、可靠运行是企业运营的基础。因此，管控重点应围绕如何降低维护费用、节能降耗、合理安排停机和检修、实现运行维护成本最小化展开，以实现提高设备可靠性、优化设备利用率的目的。

2. 生产过程一体化

生产全过程无缝融合、信息充分共享和数据充分利用是生产过程一体化的重要基础。在生产过程中，各业务之间在本质上是无法分割的完整业务链。因此，各业务之间要实现信息全面融合、贯通，要充分考虑业务之间的内在联系和逻辑关联，将各业务通过标准控制、流程控制、数据控制实现无缝融合，对重要节点进行有效控制，将业务链前端、后端全面贯通，才能保证生产过程一体化真实落地。

3. 企业管理标准化

从企业管理入手，实现从经验性管理向标准化管理转变。建立统一标准，通过规范、制度、业务表单、主数据、业务流程等方式落实到信息平台中，保证规范、制度、业务流程得到有效贯彻和执行。同时，充分利用信息平台，从全局角度实现统一资源调配，帮助优化组织结构，并通过过程精简、规范和无缝衔接达到节约管理成本、提高管理效率和效益的目的。

4. 分析应用数据化

数据价值通过体系化的分析应用来实现。实时采集现场 DCS 数据，为生产经营管理提供数据支撑，同时能满足远程诊断需求；通过对历史数据挖掘和主题性综合分析，实现对数据进行分类、统计、对标、分析，提高安全生产管理水平和管理效率，实现信息资源综合性开发利用。

5. 决策支持科学化

数据分析结果为各级领导层科学决策提供支撑。通过精益化、规范化决策管理工具、KPI 管理、大数据搜索应用等技术，为管理服务提供生产经营、决策分析实时数据，支撑生产经营活动持续优化；同时，通过整合内、外部结构化和非结构化数据，为管理层和决策层提供多维度、科学、准确、及时的数据、信息、知识和决策依据。

4.2 预制桥墩智慧化施工管理

4.2.1 数智化预制墩场建设

1. 墩场建设概况

数智化预制墩场通过引入移动互联网、云计算、二维码、物联网等新一代信息化技术，将标准化的业务流程以及管控指标进行信息化改造，形成预制桥墩排产、生产执行、工艺控制、台座利用、报表生成等在线应用管理，并且基于设计施工工艺多维度对施工数据进行深度分析,将施工质量数据以多种形式向管理者直观展示,实现从桥墩生产到出场架设的全生命周期信息管控。

桥墩预制场承担郑济铁路濮阳至省界 PJSG-Ⅰ标中铁上海工程局施工范围内(459~1063号墩)墩柱、墩帽的预制。其中预制墩柱1088根(ϕ2.4m的墩柱846根,ϕ2.7m的墩柱242根),预制墩帽544个。规划钢筋加工区、墩柱生产区、墩帽生产区、成品构件存放区四大功能区。桥墩预制场位于河南省濮阳市清丰县纸房乡,总占地面积约83.33亩。预制场3D效果如图4-1所示。

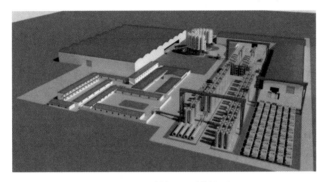

图 4-1　预制场 3D 效果图

2. 墩场生产概况

桥墩预制场承担管段施工范围内(459~1063号墩)桥墩预制任务。其中预制墩柱1088个(ϕ2.4m的墩柱846个,ϕ2.7m的墩柱242个),预制墩帽544个。

1)施工流程

主要施工流程:施工准备→场内成品预制墩柱转运→提梁机提运墩柱上桥→运梁车运输墩柱至架墩机→墩柱翻转至竖直状态→对位拼装墩柱→浇筑墩柱填芯混凝土→墩帽由场内运输至架墩机→对位拼装墩帽→浇筑墩帽填芯混凝土→架墩机移动至下一拼装位。

2)场内成品预制墩柱转运

桥墩构件在预制场用场内门吊一次吊装至运载托盘内,再由搬运机搬运至提梁机下方,转运过程如图4-2所示。

图 4-2　场内成品预制墩柱转运

3）提梁机吊运墩柱上桥

提梁机将运载托盘和桥墩构件吊运至运梁车上，如图4-3所示。

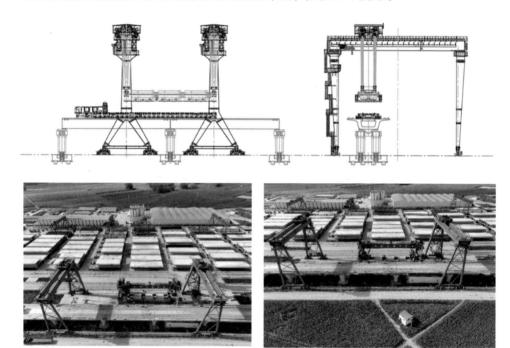

图4-3 提梁机吊运墩柱上桥

4）运梁车运输墩柱至架墩机

运梁车将3套桥墩构件运输至架桥机尾部，运梁车伸缩腿伸出支撑架桥机尾部，架桥机进入架梁状态，架桥机前、后起重小车纵移至运梁车首尾两端；之后，在已架梁面上铺设辅助台车轨道，架墩机辅助台车、架墩门吊纵移到位，过程如图4-4所示。

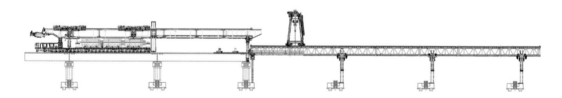

图4-4 运梁车运输墩柱至架墩机

5）墩柱翻转至竖直状态

运载托盘将墩柱横移至一侧，架桥机前起重小车吊具横移，取吊墩柱，并将墩柱吊运至辅助台车处如图4-5所示，利用起重小车和吊具的横移功能将墩柱放置在辅助台车上。之后辅助台车将墩柱运输至架墩门吊起吊位，安装墩柱吊具如图4-6所示。同时架桥机起重小车回退，吊取下一个墩柱。最后架墩门吊起吊墩柱上部，并同步后退，墩柱底部在后辅助台车的翻转架上进行翻转，直至墩柱变为竖直状态如图4-7所示。同时，架桥机起重小车将墩柱吊运至辅助台车处。

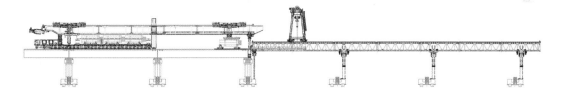

图 4-5　墩柱运输至辅助台车

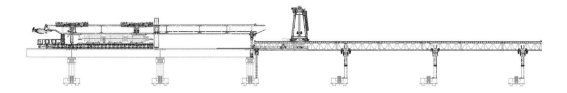

图 4-6　辅助台车转运墩柱至架墩机

图 4-7　墩柱翻转至竖直状态

6）对位拼装墩柱

利用架墩门吊的纵移横移功能，调整墩柱位置，并与墩柱调节装置协同调整墩柱的垂直度，拼装墩柱。同时，两辅助台车抬运墩柱至架墩门吊取吊位；架桥机起重小车回退，吊取下一个墩柱进行翻转及安装操作，过程如图 4-8 所示。

图 4-8　墩柱拼装

7）浇筑墩柱填芯混凝土

拼装完成后在墩柱与承台预留槽处浇筑 C40 微膨胀自密实钢纤维混凝土，空心墩柱内部自地面往上 2.5m 处浇筑 C40 微膨胀混凝土。

8）墩帽由场内运输至架墩机

待墩柱后浇混凝土强度达到 100% 设计强度后开始墩帽的拼装工作，墩柱拼装完成后，运梁车返回构件厂，运送 3 个墩帽至架桥机尾部。架桥机前起重小车将墩帽搬运至辅助台车上，辅助台车将墩帽转运至架墩机。

9）对位拼装墩帽

架墩门式起重机吊运墩帽进行纵移，在架墩机主梁下旋转 90° 后继续纵移，至拼装位并对位调整拼装。

10）浇筑墩帽填芯混凝土

拼装完成后在墩帽月牙槽内后浇 C50 微膨胀自密实钢纤维混凝土。

4.2.2 智慧化机械施工

1. 墩柱、墩帽拼装

墩柱、墩帽在运载托盘上摆放按工作步骤中的说明进行；架桥机后起重小车为单吊点，须同时吊运两个墩柱；在使用前必须先试吊再起吊，选择的吊点应使墩柱重心与架桥机吊具铰点在同一条铅垂线上；在梁面走行钢轨端部下铺薄钢板调整高度，使过渡轨桥等各轨道台阶高差不大于 2mm。

安装墩帽吊具时，吊具底部须紧贴墩顶，调整螺杆使球铰座顶紧墩柱内壁；上紧精轧螺纹钢螺母；墩柱翻转过程中，架墩门吊起升，前进动作需缓慢进行，墩柱转动过程应平稳，钢丝绳偏斜角不能大于 5°；辅助台车装载墩帽时，需在橡胶垫上安放 250mm 高的垫箱，且墩帽中心偏置辅助台车中心 100～150mm，预留架墩机墩帽吊具横移套装墩帽的安全距离；套装墩帽吊具时，注意使吊具中心在纵、横向与墩帽吊具重合，避免吊运过程中墩帽歪斜。

2. 过孔作业

架墩门吊走行到指定位置与主梁插销锚固，吊具横移居中，才开始纵移过孔；两支腿距离较近，转换支撑时，需要利用支腿顶升而使另一条支腿腾空，不能采用支腿收缩使另一条支腿受载；在主梁与支腿不发生相对移动时，必须及时先把插销插上，支腿与主梁锚固，才能进行下一步支腿顶升等操作；支腿下部锚杆与承台的锚固，注意纵向锚杆一根拉紧，一根顶紧，横向锚杆拉紧。

主梁纵移前，必须观察主梁姿态，主梁应平坡或略带坡度过孔（-2‰～+2‰），中、后支腿处的主梁高度差不大于 ±125mm；只有中支腿和后支腿与主梁插销拔出的情况下，才可以进行主梁纵移；主梁纵移时，加强观察中支腿和后支腿托轮滚动的同步性，防止出现卡滞现象；在主梁纵移过程中，加强观察中、后支腿垂直度的变化情况，保证在 ±0.3° 以内。

3. 支垫与锚固

撑位纵桥向与承台中心距离为 2.35m；后辅助支腿支撑位纵桥向在承台前方时与承台中心距离为 2.55m，在承台后方时与承台中心距离为 2.15m。位置偏差不大于 2cm。各支腿底部安装有 30mm 厚的防滑橡胶垫，支撑前，须清除支撑位和锚固孔的杂物，用硬扎木板找平支撑位。支腿底部刚接触承台时，检查支腿垂直度，应调整在 ±0.3° 以内。

各支腿是整机纵、横向稳定的关键，因此各支腿的支垫必须支平垫实，不存在悬空、虚垫情况。各支腿挂轮处设有与主梁的横向锚固插销，在支腿与主梁间不需要纵向移动时，须及时通过插销纵向锁定。各支腿单根立柱下部设置 3 根锚杆与承台的锚固，纵桥向锚杆一根拉紧，一根顶紧，横桥向锚杆拉紧，克服产生的水平载荷。

4. 质量验收

预制桥墩的生产交付与工程建设的质量及进度紧密相连，因此，对预制桥墩的生产过程实施严格的质量验收，对于提升构件生产效率以及工程整体绩效具有极其重要的意义。桥墩拼装验收标准如表 4-1 所示，构件安装位置和尺寸允许偏差及检验方法如表 4-2 所示。

桥墩拼装验收标准　　　　　　　　　　　　　　　　　　　　　　　　表 4-1

序号	项目	允许偏差（mm）	检验方法
1	结构尺寸	±30	尺量长、宽、高各 2 点
2	顶面高程	±20	每 10m² 测量一点且不少于 5 点
3	墩柱预留槽结构尺寸	±10	直径、高度
4	墩柱预留槽相邻间距	±5	每个墩柱 1 处，钢尺量
5	相邻墩柱预留槽顺桥向错位	±5	每个墩柱 1 处，经纬仪及尺量
6	墩柱预留槽顶面高程	+5 −10	四个方向各 1 点
7	墩柱预留槽顶面高差	5	测量纵横各 2 处
8	轴线偏位	15	测量纵横各 2 点
9	齿键	±5	每个齿键

构件安装位置和尺寸允许偏差及检验方法　　　　　　　　　　　　　　表 4-2

序号	分项工程	项目	允许偏差（mm）	检验方法
1	墩柱与承台拼装	轴线位置	5	每个墩柱 2 点、全站仪测量
2		顶面高程	±10	每个墩柱 1 点、水准仪
3		垂直度	$h/1000$，且小于 10	每个墩柱 2 点、全站仪或垂线 + 尺量，纵横向各测 1 点
4		墩柱相邻间距	±2	每个墩柱 1 处，墩底测量
5		相邻墩柱顺桥向错位	±5	每个墩柱→1 处，经纬仪及尺量
6	墩帽与墩柱拼装	轴线位置	5	每个墩柱 2 点、全站仪测量
7		垂直度	$h/1000$，且小于 10	每个墩柱 2 点、全站仪或垂线 + 尺量，纵横向各测 1 点
8		墩柱相邻间距	±5	每个墩柱 1 处，墩顶测量
9		墩柱相邻高差	±5	每个墩柱 1 处，墩顶测量
10		接缝宽度	±5	灌注过程中检查
11	墩帽	垫石顶面高程	0 −10	每个墩柱 4 点、全站仪

4.3　预制箱梁智慧化施工管理

4.3.1　数智化梁场建设

1. 梁场厂建概况

数智化梁场管理综合应用 BIM、物联网、人工智能等先进技术，以 BIM 模型为核心，对梁场生产全过程中的生产工艺、厂区管理、智能生产、动态监测以及文档资料、现场图片等信息进行融合和管理，提供包括制梁排产、制梁过程、运输吊装以及工序、人员、物料、设备管理，生产过程和现场安防监测等业务功能。同时，通过动态信息更新、统计报表及数据分析等环节实现梁场管理辅助决策功能，完成生产计划的动态调整和优化，明显提高生产效率的同时降低成本。

制梁场位于线路 DK199＋800 的右侧，其中 32m 梁 515 孔、24m 梁 43 孔。制梁场设制梁台座 10 座，其中 32m 制梁台座 9 座，32m 兼 24m 台座 1 座；设存梁台座 62 座（其中静载试验台座 1 座，32m 台座 52 座，32m 兼 24m 台座 6 座，提梁台座 3 座）。梁场承担郑济铁路濮阳至省界 PJSG-Ⅰ标 DK191＋814.72～DK211＋789.67 里程范围内 558 孔箱梁预制、架设施工任务，其中 32m 梁 515 孔、24m 梁 43 孔。

2. 厂房布置

梁场采用横列式布置，按施工生产各功能区要求分为混凝土生产区、办公生活区、制梁区、存梁区、钢筋加工区、钢筋存放区。

梁场设混凝土生产区，混凝土生产区配备 HZS180 型搅拌站 2 台。搅拌站主机出料容量计算：本箱梁生产为高性能混凝土，要求搅拌时间不同于普通混凝土，最短搅拌时间为 2min。考虑罐车对位与放料时间，平均每 4min 搅拌一次，采用出料容量 3m³ 的搅拌主机，每小时可搅拌混凝土 50m³，能够满足施工需要。

梁场办公生活区按标准化工地模式修建，设有篮球场、阅览室、活动室、食堂、卫浴等设施。

制、存梁区：每个制梁台座对应设置存梁台座，根据工程需要及场地条件，本梁场制梁台座 10 个，制梁能力 2 孔/d，月生产能力 60 孔。存梁区设置 62 个存梁台座（其中静载试验台座 1 座，32m 台座 52 座，32m 兼 24m 台座 6 座，提梁台座 3 座），最大存梁能力 124 孔。

钢筋存放、加工区：本梁场设置钢筋加工场 1 处，占地面积 5 亩，钢筋加工车间平面尺寸为 120m×28m；钢筋加工区设置 2 台 10t 龙门式起重机，用于钢筋原材卸料和钢筋存放。钢筋加工区采用 BIM 智能一体化钢筋加工设备。

4.3.2　智慧化箱梁施工

预制箱梁主要施工工序为模板安装、钢筋加工及安装、预埋件加工及安装、混凝土浇筑、混凝土养护、预应力施工（预张拉、初张拉、终张拉）、压浆及封端、起移梁。具体施工流程如图 4-9 所示。

图 4-9　预制梁生产工艺流程图

1. 钢筋智能化制作

钢筋智能制作采用改良数控弯曲机、自动网片电阻点焊机、二氧化碳保护焊结合的方案进行，该方案采用智能的自动化设备，利用先进施工工艺对钢筋进行加工及焊接，具备更高的机械化、工厂化与专业化水平，可显著提高加工精度保证焊接质量。

1）钢筋加工

不同型号钢筋在作业时，由导向、夹紧、调直、驱动、限位、切断等装置分别完成对应功能。其中，钢筋自动驱动行程装置，可防止损伤钢筋肋高，保障钢筋同心加工；PLC结合高精度传感器进行定位并下达指令，使钢筋自动运至切断、弯曲位置，精细化确定钢筋下料长度或者弯曲长度。

2）钢筋焊接

钢筋网片在定位胎具上安装成型后，胎具在滑动槽内自动运送到焊接工位，由焊接机头组进行焊接作业，胎具根据焊接位置进行自动移动。多次并排焊接完成后，胎具再移动出焊接工位，到达取件工位后，人工将成型钢筋网从胎具中取出，胎具循环至下一焊接作业面，成型钢筋网堆码摆放至存放区。

3）钢筋吊装

梁体钢筋骨架的吊装采用钢筋吊具吊装，吊点附近的钢筋绑扎点需进行加强，吊点间距不大于 2m。吊装完成后必须对钢筋骨架全面检查，对部分松脱绑扎节点、混凝土垫块进行重新绑扎归位，并清除模板内掉落的扎丝。

2. 机械化模板装卸

模板安装与拆卸的施工过程全程机械化作业，只需操作工进行按键操作。机械化模板装卸过程通常比人工操作更快捷，可以缩短装卸时间，提高工作效率，自动化程度高，质量容易控制，无需人员作业，安全快捷。

3. 梁体混凝土自动化施工

1）混凝土浇筑

在预制梁混凝土的一次浇筑成型过程中，必须严格控制混凝土浇筑的滞留时间，以确保其不超过 1h，并且间断时间不超过 2h。此外，每个孔梁的浇筑时间必须限制在 6h 以内，且不得超过混凝土的初凝时间。

2）混凝土养护

根据梁场所在区域的气候特点，本梁场混凝土养护方式为自然养护。混凝土自然养护工序流程为：梁面抹平→盖土工布→覆盖保湿洒水养护→拆模→自然养护（洒水）。除此之外，为提高混凝土养护的智能化，还可通过建设自动蒸汽养护室来对混凝土进行养护。

4. 智能预应力张拉工程

智能预应力张拉设备主要包括软件与硬件系统两部分，软件系统负责张拉数据的录入、采集、修正、整理与输出，硬件系统包括油泵与千斤顶，具体负责完成软件系统下发的预应力张拉指令。

1）设备连接

通过数据线将智能张拉设备与千斤顶连接，并注意检查油管接头处垫片的安装情况，防止作业时油管接头处液压油渗漏。连接完成后开机检查设备是否工作正常。

2）张拉参数输入

张拉前对不同类型的孔道进行摩阻测试，根据测试结果校正设计张拉控制应力。将不同梁型的钢绞线伸长量、修正后的张拉控制应力及张拉顺序参数通过智能张拉设备主机上的计算机录入到软件系统，并进行保存。

当输入伸长量及张拉控制应力参数时，同时输入此两项参数的上限值。若在操作过程中伸长量或张拉控制应力达到上限，千斤顶立即停止作业，从而保证张拉作业的安全与质量。

3）张拉

通过主机张拉作业控制台"手动/自动"按钮，可进行自动张拉与手动张拉的选择，一般情况下选用自动模式。当遇到突发情况需继续张拉或回油时可选用手动模式。

启动智能张拉设备，利用其主机上的计算机选择已存储的张拉参数，并将其下发至各个智能张拉设备辅机，然后在张拉作业控制台上选择开始，即开始张拉。张拉完成后，千斤顶自动回油至初始状态，然后将其更换至下束需要张拉的钢绞线上，重复以上步骤，直至张拉作业全部完成。

在进行张拉时，可通过控制台显示器实时监控张拉力、伸长值、压力表读数以及油温等参数。在钢绞线表面做好标记，用以检查张拉后是否出现滑丝现象。

在初始应力阶段，当钢绞线张拉至初始应力值后，松开千斤顶吊链，使千斤顶自动对准，接着使用特制套管（即撑脚）压缩工具锚夹片，使夹片紧密地包裹住钢绞线。使用经过标定的钢卷尺同时测量油缸外露长度和挤紧的工具锚夹片的外露长度，并进行详细记录。

在进行梁体移梁下台位时，为确保梁体不会出现开裂现象，设计要求在预张拉和初张拉控制应力阶段提供必要的预加应力值。当钢绞线张拉到控制应力值时，需要对油缸伸出长度和工具锚夹片外露长度进行仔细的检测和记录。若出现较大位移或变形，可及时调整施工方案。校核伸长值时，应注意其两端实际值与预应力筋实际弹性模量计算的伸长值之间的偏差不应超过±6%，若两者相差过大，则认为该伸长值超出了许用范围。在确认伸长值符合要求后，进行 5min 的持荷，随后进行回油自锚固，以确保符合要求。

终拉工艺按预初张拉相关流程操作，并满足以下要求：终张拉前、后分别测量梁体上拱度，梁体弹性上拱度实际值不应超过设计值的 1.05 倍；终张拉 30d 后测量梁体上拱度，梁体上拱度实测值需小于±L/3000。上拱度测量是用"倒尺法"测量梁底板值，分左右两侧进行。

4）张拉数据输出

张拉前将承包人、监理人等名称参数输入至软件系统数据文件的标准模板内，此项设置如后续施工无变化可仅设置一次。每次系统导出数据时，自动调用此模板文件。张拉完成后，在智能张拉设备主计算机上通过张拉系统软件将张拉数据导出，张拉数据打印后由相关人员签字确认并整理存档。

5. 智能压浆

梁场采用真空辅助压浆工艺。根据经验证后的施工配合比计算每盘压浆浆体水料比参数，并将压浆浆体水料比参数和搅拌时间参数输入压浆系统内。水料比参数和搅拌时间参数输入完成后，将压浆料放至搅拌机料斗内，搅拌机根据每盘压浆料及水用量自动加料搅拌。

4.4 智慧预制场生产管理

4.4.1 数智化预制场建设

1. 预制场总体架构

数智化预制场采用建筑信息模型（BIM）、数据管理与服务（DM）、移动应用与物联网技术（Mobile）、云技术（Cloud）、大数据（BD）等新技术，以及智能设备配合施工工序管理，集成信息化系统，进行工程管理、可视化监控和现场安全质量管理，是一种新型的预制构件全寿命周期管理模式。

这一管理模式有机串联了施工生产管理任务，涵盖生产管理、原材料管理、现场管理、人员管理、试验室管理等，通过建设数字化、智慧化、综合化的管理系统平台，实现了全自动流程化生产管控，提升预制梁场建设管理效率，有效地实现数智化预制场管理。应用"互联网+"的思路，面向工程实际，围绕人、机、料、法、环等关键要素，以数字工程为抓手，依托智能建造技术手段，紧密围绕"1＋1＋N"模式，即一个数据指挥中心，一个平台，N个应用，建立项目信息化管理、数字化协同和智能化应用的协同架构和信息共享体系。

2. 数字化预制场建设

1）二维码管理

预制构件脱模后，系统自动生成防水防紫外线的构件二维码，可通过打印机一键打印，便于粘贴于构件对应位置处。系统支持预先自定义二维码展示字段详情，管理人员可扫描查看构件生产信息。当预制构件出场时，相关人员也可扫描二维码进行信息核对。

2）多维统计分析

集成现场的视频监控，便于管理者方便快捷地掌握实际生产情况，并集成多维度动态分析报表，实现对现场生产数据的可视化查看，系统结合生产数据，自动展示构件生产多维数据统计分析，如进度完成情况、施工台账、节拍分析、产能分析、工序对比分析、搅拌配比情况、蒸养情况等。

3）数字预制场建设

建立与现实构件场一致的三维数字化预制构件场，通过物联网手段采集的生产数据驱动BIM模型的实时运动，点击构件、设备、模具均可查看详情。同时集成了现场的视频监控，便于管理者更快速地掌握实际生产情况，并集成多维度动态分析报表，实现对现场生产数据的可视化查看，建立三维可视化数字预制场，辅助生产决策。预制构件生产管理系统如图4-10所示。

在厂区安装视频监控，并将视频监控数据与BIM模型集成，可在模型上点击摄像头查看相应的监控视频流，实现现实与虚拟的快速结合，便于管理人员快速掌握生产实况。建立桥梁BIM模型，通过运输车的运行及构件运输信息，自动判断预制构件的安装进度，完成安装实体显示，未安装的构件灰色显示，安装进度延迟红色显示。通过颜色区分显示直观展示构件的安装情况。同时，系统自动校验架设进度与预制进度，当预制进度无法满足生产周期时，提前预警。

图 4-10 预制构件生产管理系统

4.4.2　智慧化预制构件施工

1. 生产线方式预制墩柱施工

生产线方式预制墩柱施工工艺流程如图 4-11 所示。

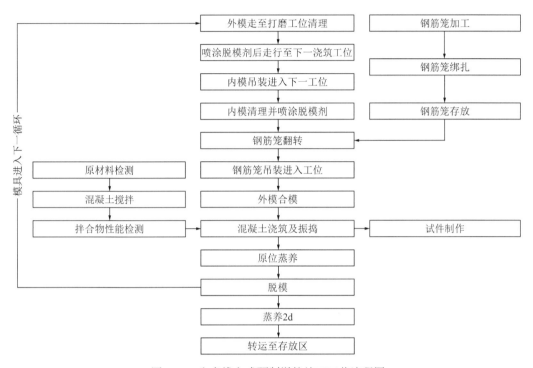

图 4-11　生产线方式预制墩柱施工工艺流程图

1）钢筋加工及绑扎

钢筋的绑扎方式有两种，一种是按逐点改变方向的 8 字形交错绑扎，另一种则是采用对角线（十字形）方式进行绑扎。除非有特别规定，否则墩柱箍筋与主筋之间不存在垂直绑扎。墩身、柱中的竖向钢筋搭接时，转角处的钢筋弯钩和模板呈 90°角。墩柱钢筋绑扎过程共分为七个步骤，每个步骤需严格控制，以确保不出现跳步加工，在绑扎过程中需进行测量，保证每一步加工的精度得到有效控制。

2）钢筋笼吊装、翻转、入模

钢筋加工及绑扎完成后，根据钢筋笼重心位置调整吊耳组件在吊具横梁上的锚固位置，之后拧紧吊耳组件拉杆螺母，钢筋笼吊具通过下部的横向分配梁设置有多个吊点，通过钢索或链条与钢筋笼主筋连接，再用钢丝绳、"U" 形卡与 10t 桁架式起重机连接进行吊装。

运输小车自带翻转功能，小车上装有 5 个半圆形托架，钢筋笼吊装至小车托架后，通过托架油缸提升将钢筋笼进行翻转。小车将钢筋笼运输至墩柱生产区的 120t 龙门式起重机施工范围后，小车通过液压系统将钢筋笼调至竖直状态，再使用 120t 龙门式起重机将钢筋笼吊运至墩柱浇筑区域套到内模外侧。

3）预埋件安装

（1）墩柱顶部预埋钢棒

根据设计图纸要求，在墩柱顶部需预埋 4 根ϕ50mm 的钢棒，每根钢棒长 3.039m，其中埋入墩柱 1.209m，剩余 1.803m 插入墩帽ϕ10cm 预留孔内进行灌浆处理。

（2）起吊点安装

墩柱起吊点利用墩柱预埋的 4 根ϕ50mm 钢棒配合吊具作为墩柱的起吊点，墩柱起吊点示意图如图 4-12 所示。

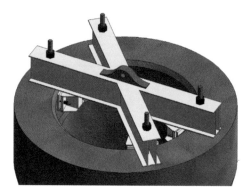

图 4-12　墩柱起吊点示意图

（3）接地端子设置

墩柱预埋接地端子共布设 2 个，设置在左、右侧墩柱内侧距离地面以下 20cm 位置。接地钢筋采用墩柱纵向内侧ϕ16mm 钢筋兼接地功能。接地网连接完成后，采用接地电阻测试仪进行测试，电阻值不大于 1Ω。

（4）墩柱与承台连接剪力键位置预埋套筒

预制桥墩钢筋中 N10 钢筋与 N11 钢筋采用套筒连接，先将 N10 拧入套筒，预制墩身时，埋入 N10 与套筒。桥墩就位后再拧入 N11 钢筋，与承台预埋 N13 钢筋绑扎牢靠后，浇筑后浇段混凝土。

（5）墩柱观测标

墩柱观测标设置于高于地面 50cm、垂直与线路方向的外侧，如图 4-13 所示。采用预埋直螺纹套筒的方式安装观测标，直螺纹套筒采用"L"形钢筋与桥墩纵向钢筋焊接固定其位置，焊接长度为单面 10 倍钢筋直径、双面焊接 5 倍钢筋直径。

图 4-13　墩柱观测标布置图

（6）通风孔

在距离地面（如有水则为最高设计洪水位）5m 以上的预制墩柱上，对称地设置两个直径为 20cm 的通风孔，随后在墩身周围每隔 3m 高度交错设置两个直径为 20cm 的通风孔。通风孔采用预埋 PVC 管的方式进行预留，PVC 管紧贴钢筋并用扎丝固定。通风孔处除增设直径 28cm 的 ϕ10mm 钢筋环外，外壁孔口处还需设置拦污网（ϕ8mm 圆钢筋做成间距 2cm 的网格）。

（7）排水孔

排水孔设置在墩柱底部后浇实体段的顶面（承台顶 1.5m），并设置向外的排水坡，在墩壁设置 ϕ5cm 横向排水孔排除施工积水，排水孔采用预留 PVC 管的方式进行预留，同时加强孔周的钢筋网构造。

4）混凝土浇筑及蒸养

（1）混凝土浇筑

预制立柱采用 C40 混凝土，采用立式浇筑工艺。预制工厂内浇筑立柱混凝土，通过混凝土搅拌车运输至施工现场通过布料机进行浇筑。布料机入模采用与串筒连接，通过串筒传入模内的方式浇筑。串筒直径为 20cm，串筒底到底模距离小于 2m，施工人员上下采用与外模连接的整体钢平台，混凝土浇筑现场如图 4-14 所示。

图 4-14　混凝土浇筑现场

（2）蒸养

预制桥墩蒸养采用蒸养罩覆盖进行蒸养，待墩柱浇筑完成后，模板自动加热原位蒸养 16h。脱模后原位加罩蒸养棚进行 48h 蒸养；立柱混凝土达到强度后，通过龙门式起重机转运至存放区。

5）模板拆除

当混凝土强度达到 2.5MPa 以上方可进行拆除模板。预制墩柱模板为智能模板，混凝土蒸养完成后由人工操作模板控制系统将侧模开模；内模在电控系统作用下自动收模，再整体用龙门式起重机吊出；外模自动走行到整备区、内模通过龙门式起重机吊运至整备区进行清理。

6）模板清理和喷涂脱模剂

模板拆除后通过龙门式起重机转运至模板打磨工位并进行固定，随后吊装清模设备与模板固定，设备自动打磨、喷涂。打磨和喷涂脱模剂设备通过数控系统来完成内模的清理和喷涂。通过控制气压，实现打磨辊与模板之间压力恒定，同时消除打磨设备与模板中心偏心误差对打磨效果的影响。当打磨结束后，启动喷涂程序，对模板喷涂脱模剂。

7）墩柱调运翻转及存放

预制墩柱蒸养完成后覆盖篷布，利用龙门式起重机及专用墩柱吊具将其吊运至存放区，对成品强度达到 100%需进行现场安装的墩柱利用墩柱翻转架将其翻转至水平状态。墩柱翻转过程中首先通过吊机将翻转套筒翻转至水平，并安装好锁定螺栓，然后将成品立柱竖直下放到翻转套筒中，安装限位杆，拆除锁定螺栓，使用龙门式起重机缓慢将墩柱放在支撑垫梁上，墩柱转为水平状态后拆除限位杆，最后将成品立柱吊离翻转套筒。

2. 生产线方式预制墩帽施工

桥墩预制场墩帽智能流水线通过智能控制系统操控各工位按顺序生产的方式实现墩帽的智能化、工厂化生产。通过集中控制系统控制钢筋笼入模工位、浇筑振捣工位、蒸养工位、脱模工位、模板清理工位、喷涂脱模剂工位、物流自动控制系统，使各工位按工序顺序完成墩帽生产。墩帽智能化生产线工艺流程如图 4-15 所示。

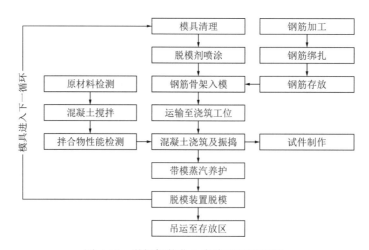

图 4-15　墩帽智能化生产线工艺流程图

1）钢筋加工

采用钢筋场集中加工的方式进行钢筋加工，而预制构件中的钢筋笼则采用钢筋精加工的理念进行加工，随后在专用胎架上制作并加工成型，通过定位体系的布置保证主要受力钢筋不发生变形。钢筋加工完毕后，将墩帽钢筋笼完全置于胎架上绑扎。

2）钢筋骨架入模

墩帽钢筋骨架由钢筋加工厂集中加工，经监理工程师报验合格后，由桁架式起重机将其装入模板并由 RGV 小车托运至浇筑工位，如图 4-16 所示。

图 4-16　钢筋骨架入模

3）模板打磨

墩帽模板由 RGV 小车托运至打磨工位进行打磨，由自动清模小车使用打磨头对磨具进行清理，如图 4-17 所示。主要作业流程如下：

墩帽端侧模清理→墩帽底模清理→墩帽底模凸起面清理→墩帽底模 45°斜面清理→垫石底面清理→吹风管降下并启动吹风，由行走小车带动将底面灰渣吹入垫石坑内→升降油缸控制吸尘头进行吸尘。

打磨过程中由专人负责打磨设备的开启和关闭，同时打磨完成后，对模板打磨效果进行检查，以防打磨不到位。如出现打磨不到位的情况，立即由人工进行打磨。打磨完成后保证模板表面平整光滑、无残留物。

图 4-17　墩帽模具自动打磨

4）混凝土浇筑

混凝土采用拖泵加布料机的方式在厂房内进行浇筑，如图 4-18 所示。混凝土振捣采用附着式振捣器、自动插入式振动器、人工辅助振捣相结合的方式进行振捣，确保墩帽振捣密实，外观质量满足要求。

图 4-18　混凝土浇筑

5）成品养护

墩帽浇筑完成后由 RGV 小车转运至蒸养工位进行养护，在墩帽内布置上中下 3 道测温线连接蒸养房内温控系统，对蒸养房内温度进行监控，根据相关参数对蒸养房内温度进行调控并记录温控曲线。预制墩帽蒸养、蒸养数据监控如图 4-19、图 4-20 所示。

图 4-19　预制墩帽蒸养

图 4-20　蒸养数据监控

6）脱模

当墩帽强度达到 60% 后方可进行脱模，强度达到 75% 后方可进行脱模吊运。当达到拆模强度后，子母车将模具运至脱顶圆盘工位，进行墩帽顶模圆盘脱模（图 4-21），由人工收面之后运至蒸养工位进行蒸养。

墩帽蒸养完成之后松锚穴孔母车移动到蒸养工位，并运行至墩帽模具下方进行对位，之后启动松锚穴孔装置对垫石锚穴孔预松，如图 4-22 所示。

 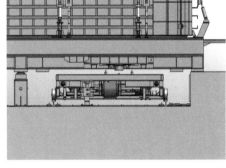

图 4-21　墩帽顶圆盘脱模　　　　　　　图 4-22　墩帽锚穴孔预松

当墩帽混凝土强度达到 75% 后，由 RGV 小车从蒸养工位将墩帽运输至场外脱模转运工位进行脱模，如图 4-23 所示。由于墩帽模板为液压自开合模板，拆除模板时只需运输至脱模工位，由液压系统对 4 块侧模进行开模后由垫石下部钢柱对墩帽进行顶升 20cm，随后由人工拆除月牙槽模板及其内填充气囊，至此模板全部拆除完成。

图 4-23　墩帽顶升脱模

7）墩帽翻转、转运与存放

由于墩帽采用反向预制，存放前需对墩帽进行翻转，本项目根据墩帽特点定制专业翻转架进行翻转。翻转完成后，墩帽由龙门式起重机配合专用吊具对墩帽进行吊装、转运、存放。

8）控制系统

中央控制系统作为墩帽流水生产线的中央控制，负责全线设备的运转。通过以太网

（PROFINET）技术与各生产工位和辅助工位的子系统实现数据传输，并不停轮询各工位状态及数据区，构成实时数据记录、监控及管理的两层分布式监控结构。实现高效快捷稳定的自动化生产车间，数据传输子系统如图4-24中控系统结构所示。

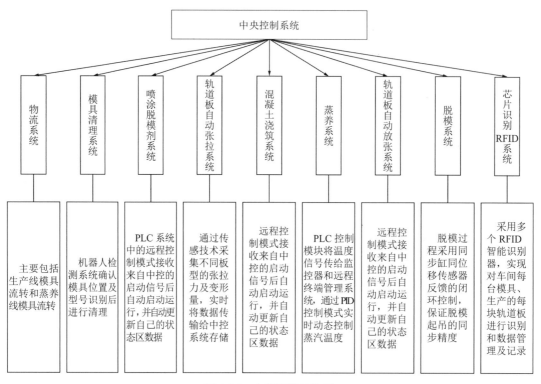

图 4-24　中控系统结构图

预制构件生产智慧化管理，通过 BIM、物联网、信息化等技术，将预制构件生产过程中所产生的数据进行收集、传递、分析、处理，实现预制构件的全流程生命周期管理；利用前端智能物联网感知设备等先进技术为数据采集端，以预制构件流水生产线智能生产排程为核心，以生产工序流为抓手，以 BIM 模型为数据载体，以生产数据集中展示、分析辅助领导决策为目标，最终实现装配式预制构件生产过程管理信息化和可视化、经验数据有形化。

第 5 章

施工现场管理

5.1 组织管理

5.1.1 组织结构管理

在施工组织、施工准备、施工流程、施工管理等几个重大问题上，根据公司实力，综合分析工程特点以及工程所在地情况等综合因素，以"施工方案先进合理、施工组织周到严密，施工管理严格细致"作为施工总体部署的原则。公司将该工程列为重点工程，成立了专门的工程领导小组，将工程质量、工期目标列入重点控制计划之中。以项目为基点，实行项目化施工管理，设置相应的组织机构和管理体系，使之上下贯通，分工明确，各负其责，全员参与，协力合作，完成项目建设。现场设置项目经理部，依据"项目经理部、工区"扁平化管理模式，本项目划分为 4 个工区、1 个制梁场分部和 1 个桥墩预制场分部，以实现更加高效的管理，如图 5-1 所示。

项目部负责现场全面工作，起着承上启下的关键作用，掌握人、财、物，有力地调动主要技术力量、劳动力、机械设备、周转材料等保证工程的顺利实施。各个工区设有生产车间及相应的班组，梁场分别负责所辖区域内桥梁结构的安装工作，并对所属工区进行统一协调。经理部下设五部二室：工程技术部、安质生态环境部、物资设备部、工程经济部、财务部、中心试验室、综合办公室，施工工点实行"一点三员"管理。

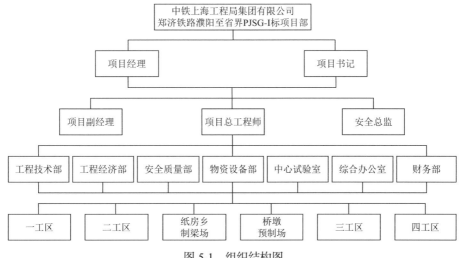

图 5-1 组织结构图

5.1.2 绿色环境管理

依据《中华人民共和国建筑法》（2019 年修订）第四十一条规定："建筑施工企业应当遵守有关环境保护和安全生产的法律、法规的规定，采取控制和处理施工现场的各种粉尘、废气、废水、固体废物以及噪声、振动对环境的污染和危害的措施"的规定。项目部为使施工现场产生的污水、噪声、扬尘、废气、固体废弃物、能源消耗等得到有效控制和预防，实现工程的环境目标、指标，确保环境管理的持续性、有效性。项目部依照《建筑施工场界环境噪声排放标准》GB 12523—2011、《污水综合排放标准》GB 8978—1996、《建筑工程绿色施工规范》GB/T 50905—2014 等相关环境标准及公司环境方针、目标、指标控制其工程生产活动对环境负面的影响，主要从水污染防治、声污染防治、大气污染防治、环境监测四个方面实现良好的环境绩效，制定环境目标、指标与绿色施工方案。

1. 水污染防治

1）梁场、预制墩场、搅拌站驻地设置化粪池，同时设置合理的排水沟渠用于汇集整个施工营地的生活污水。

2）含油污水排放量较大的施工点设置小型隔油池、集油池，加强管理，专人负责定期掏油，经处理后汇入生活污水经化粪池，并定时清淘外运或交由附近村民堆肥处理。

3）搅拌站设置砂石分离机和多级沉淀池，废水不得直接排入市政污水管网，经二次沉淀后用于洒水降尘。

4）现场存放油料、油质脱模剂，必须对库房进行防渗漏处理，储存和使用采取防泄漏措施，防止油料泄漏，污染土壤水体。施工机械及时检修，尽早发现施工机械的跑、冒、滴、漏油。

5）桥梁施工挖出的泥渣、泥浆水应在沉淀池中处理，沉淀后可自然干化，施工结束后用土及时填平。不能利用的泥浆、废渣进行固体废物处理，沉淀池就地固化处理，不得排入河道或采取异地运输处理措施。

2. 声污染防治

1）施工现场进行噪声值监测，监测方法执行《建筑施工场界环境噪声排放标准》GB 12523—2011，噪声值不超过国家或地方噪声排放标准。

2）施工现场遵照《建筑施工场界环境噪声排放标准》GB 12523—2011 制定降噪措施，建筑施工过程中使用的设备，可能产生噪声污染的，按有关规定向工程所在地的环保部门申报。

3）清丰特大桥除连续梁外线下桩基工程采用预制管桩施工，管桩采用锤击施工，部分区段靠近附近村庄，管桩施工要充分考虑噪声对附近居民的影响，白天（6:00—22:00）作业噪声控制在 70dB 以下，夜间（22:00—第二天凌晨 6:00）作业控制在 55dB 以下。

4）施工场界内合理安排施工机械，根据场地布置情况估算场界噪声，遵循文明施工管理要求，对邻近居民密集区施工场地四周设高 3m 左右的设备搭设封闭式机棚，以减少噪声污染。

5）噪声大的施工机械布置在远离居民区等敏感点范围外，并加强施工机械维修保养，对主要施工机械采取加防震垫、包裹和隔声罩等有效措施减轻噪声污染。

6）对人为的施工噪声，建立教育管理制度和降噪措施，并进行严格控制。承担夜间材料运输的车辆，进入施工现场严禁鸣笛，装卸材料应做到轻拿轻放，最大限度地减少噪声扰民。

3. 大气污染防治

根据河南省蓝天工程计划，强化施工期扬尘的治理。主要措施如下：

1）施工现场主要道路必须进行硬化处理。施工现场采取覆盖、固化、绿化、洒水等有效措施，做到不泥泞、不扬尘。施工现场的材料存放区、大模板存放区等场地必须平整夯实。

2）在搅拌站和梁场的出口处设置一套定型化的自动冲洗系统，确保进出车辆彻底清洗。为防止扬尘污染及减少设备维修费用，在设计时应对其进行必要的除尘处理。

3）在施工过程中，对于水泥和其他易飞扬的细颗粒建筑材料密闭存放，实施遮盖、洒水、覆盖或其他防尘措施，并加强对土堆、沙堆、料堆、拆迁废物的监督管理。

4）对于临时填筑场地要做好防护措施，避免发生水土流失等问题。

5）在施工现场，派遣专人负责保洁工作，并配备相应的洒水设备，以便及时清扫和洒水道路，从而有效减少扬尘污染。

6）在工地附近修建临时储存库并建立专用隔离带。

7）提高车辆运输的密闭性，防止砂石料的滑落，减少扬尘和对道路两侧农作物的影响，在运输过程中采用密封车体的设计。

8）建筑物内的施工垃圾清运采用封闭式容器吊运，严禁凌空抛撒。在项目所在地设置了一种封闭式垃圾桶，施工垃圾、生活垃圾分类存放，定期清运生活垃圾，施工垃圾清运时提前适量洒水，并按规定及时清运消纳。

4. 环境监测

通过传感设备采集相关环境各项实时指标（噪声、PM_{10}、$PM_{2.5}$、温度、湿度、风速、风向），并将数据上传至管理系统，同时与雾炮、喷淋联动，如图 5-2 所示。

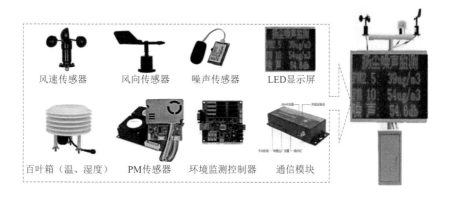

图 5-2 环境监测

5.1.3　文明施工管理

文明施工是指在施工现场管理中，要按现代化施工的客观要求，使施工现场保持良好的施工环境和施工秩序。文明施工涉及工程沿线群众的切身利益，同时又是维护公司声誉的大事，一旦掉以轻心，造成的损失和影响是无法弥补的。项目部主要从文明施工保障措施与现场措施两个方面进行文明施工管理，为项目建设提供保障。

1. 文明施工定置管理

定置管理是将全工地施工期间所需要的物在空间上合理布置，实现人与物、人与场所、物与场所、物与物之间的最佳结合，使施工现场秩序化、标准化、规范化，体现文明施工水平。定置管理始终坚持安全第一的原则，要求符合工艺要求、物流有序、"简化、统一、协调、优化"、动态管理、节约、求同存异的原则。对施工现场的办公室、仓库、安全通道、车辆、设备检修区等区域制定了相应标准与保障措施，实现施工现场管理规范化与科学化。

2. 文明施工目视管理

目视管理称之为"看得见的管理"，利用直观，色彩适宜的各种视觉感知信息来组织现场施工生产活动，达到提高劳动生产率，保证工程质量，降低工程成本的目的。目视管理是一种简便适用，透明度高，便于员工自主管理，自我控制，科学组织生产的一种有效的管理方式。

1）设置"七牌二图"及安全标牌。施工现场有"七牌二图"以及安全生产宣传牌，重点施工部位和危险区域以及主要通道口设有醒目的安全警告牌。图牌规格统一、字迹端正、标识明确，并设防雨棚。

2）人员目视管理。工地管理和作业人员需穿戴符合规范的工作服，戴上色彩相符的安全帽，并持有工作证才可上岗。对进入现场作业的人员实行持照安全制度，经岗前培训后再上岗。

3）设备目视管理。施工现场设备本体及基础附属设备按照公司统一着色标准执行。在设备投入使用之前应在设备明显部位标注明确设备编号以及设备资产管理卡。

5.1.4　临时设施管理

项目部为了加强项目临时设施的安全管理工作，依据《建筑施工安全检查标准》JGJ 59—2011 等相关标准，结合项目现场临时设施的实际情况，制定施工现场临时设施管理制度，加强对施工现场临时设施管理。对为方便施工临时搭建的办公、休息、生产生活、储存等场所活动板房、工棚、作业场地，临时用电用水，临时施工便道等设施的采购租赁、搭设与拆除、验收、检查及使用等进行安全管理。

1. 临时设施规划原则

1）按照"安全、节约、环保"的原则，有效利用场地空间，对施工机械、生产生活临建、材料堆放等进行最优化的布置，满足安全生产、文明施工、方便生产生活和环境保护的要求。

2）科学规划现场施工道路和出入口，以利于车辆、机械设备和物资的运输，并尽可能地减少对周边环境的影响。

3）对施工区域和周边的各种公用设施（煤气管道、电缆、光缆等）、树木、庄稼等加以保护。

4）临时供电及用电设施按照《施工现场临时用电安全技术规范》JGJ 46—2005 和经过审批通过的《临时用电组织设计方案》的有关要求进行布设。

2. 临时设施管理措施

1）交通安全设施：在各主要交通路口和各施工点设置安全警示标志、围栏等。

2）防洪、防汛设施：各施工地按防洪、防汛要求备齐相应工具和用品。

3）施工用电：线下管桩沉桩施工用电量大，采用大型变压器引入当地高压线，高压线无法接入部位采用发电机发电。

4）施工用水：主要以就近河渠取水，取水不方便处采用运水车运水。梁场及集中拌合站采用钻井取水。

5.2 安全管理

5.2.1 安全管理概述

装配式桥梁施工是高风险行业，安全事故发生率相对较高，在目前施工环境复杂、大型机械施工等情形下，更加提高了事故发生的概率。安全事故的高发生率不仅关系项目的正常建设，还会严重影响整个企业的声誉，给行业带来负面影响，因此，为保证作业人员生命安全，有效降低安全事故的发生，必须加强建筑施工安全管理。智慧化安全管理综合运用云计算、大数据、物联网、移动技术和智能设备等信息化技术手段，聚焦建筑工地施工现场安全管理，紧紧围绕人员、机械、物料、环境等关键要素，构建智能监控和防范体系，最终实现工地的智能化管理，提高工程管理信息化水平。

1. 安全管理计划

1）制定安全施工措施计划、工程概况、控制目标、控制程序、组织机构、职责权限、规章制度、资源配置、安全措施、检查评价、奖惩制度。

2）对结构复杂、施工难度大、专业性较强的工程项目，制定安全技术措施；对龙门式起重机、架桥机等特殊工种作业，制定单（专）项安全技术方案，并对其进行针对性检查。

3）制定和完善施工安全操作规程，编制各施工工种，特别是危险性较大工种的安全施工操作要求，作为规范和检查考核员工安全生产行为的依据。

4）制定完善适宜本工程特点的安全技术措施，包括防火、防暴、防尘、防雷击、防触电、防物体打击、防机械伤害、防高空坠落、防交通事故、防寒、防环境污染等方面的措施。

2. 安全管理要点

对施工现场易出现安全问题的重点区域进行重点管理，明确安全管理要点，进行重点监控管理，防止安全事故的发生。

1）首先，通过对龙门式起重机、架桥机、提梁机、运输车等重要的施工设备综合利用信息传感技术和即时通信技术随时监控，动态掌握其运行状态，对设备可能出现的异常状态、非正常操作等进行预警，保证施工设备的安全、稳定运行，降低安全隐患，减少安全事故发生，便于事故追溯，提高安全管理水平。

2）其次，在施工现场、厂区以及生活区安装视频监控，通过智能分析施工人员在工作期间有无佩戴安全帽，若未佩戴安全帽则推送安全报警信息，也可通过现场喇叭同步播报，并且将监控数据与三维 BIM 模型结合，可在信息化中心动态监控实际生产情况。

5.2.2 安全管理措施

1. 安全生产网格化管理

安全生产网格化管理是将安全生产管理和安全生产监督管理有机地结合起来。通过项目部管理人员作为安全生产巡查员，形成安全生产人员的网格化管理。施工现场是一个安全条件复杂多变、被管理的资源多、管理难度较大的环境，安全生产网格化管理是通过明确安全管理责任区负责人职责以及施工现场责任片区的划分，积极调动和利用班组队伍人员，做到群策群力，方能做到"安全无死角"。网格化管理应将项目部安全管理领导、安全管理巡查人员、项目经理、项目总工程师等各部门都纳入网格化管理的体系中，分解到各个不同的片区监督管理，做到片区有专人负责的程度，从而提高安全管理的执行力，减轻了管理负荷，形成由上至下分级管理、各级监督的安全管理局面。

2. 安全教育

开展安全生产教育，使全体员工意识到安全生产的重要性和必要性，懂得安全生产知识，树立安全第一的思想，自觉遵守安全生产法律法规和规章制度。《安全生产法》以及相关法规明确规定：生产经营单位应对从业人员进行安全教育和培训，保证作业人员具备必要的安全生产知识，熟悉有关的安全生产规章制度和安全操作规程，掌握本岗位的安全操作技能。项目部对所有新入场人员都要经过三级教育，所有进入施工现场的人员必须经过公司（分公司）、项目部、班组安全教育培训后，每一级教育的内容和时间都进行严格的规定，然后进行严格考试或考核，合格后才能上岗，并建立经常性的安全教育考核制度。除安全培训外，项目部还组织开展安全生产月活动、安全知识竞赛活动、张贴安全生产宣传标语等，推进安全教育深入到项目施工现场把安全知识、安全技能、设备性能、操作规程、安全法规知识传递到每一位施工人员心中，实现警钟长鸣，安全生产。

3. 安全隐患排查制度

项目安全部结合日常工作组织开展的经常性隐患排查，排查范围应覆盖日常施工作业环节，日常排查每周应不少于 1 次并上传至安全隐患排查系统，如图 5-3 所示。根据不同项目危险源，提前做好危险源识别，并对危险源做定期和不定期排查，利用不同管理岗位的职能，对项目施工生产过程中的危险源进行预判、预警、监理、整改等，使得项目安全质量得到有效的预防和控制。

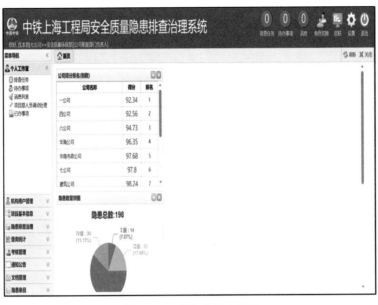

图 5-3　安全隐患排查系统

4. 安全日常检查制度

日常安全检查每月至少开展一次，主要表现为项目安全管理人员的日常安全巡查。日常安全检查主要针对班前教育情况、安全交底情况、交接班情况、设备设施的安全防护情况、安全纪律和安全操作规程的执行情况、安全防护用品的穿戴情况、关键部位和重点区域的安全防护情况等内容进行检查。巡检人员发现隐患后，用手机拍照，利用平台发布隐患整改通知单，直接指定单位，单位收到通知后，处理隐患，可直接通过智慧建造系统平台反馈。若隐患在规定的时间段内仍没有处理，智慧建造系统平台将再次提醒负责巡检的安全人员，再次介入此次隐患处理的事件中，直至隐患处理完成。

5. 安全技术交底

通过 BIM + VR 的结合实现施工现场的仿真模拟安全技术交底，通过沉浸式的虚拟环境对高空坠落、坍塌、物体打击、机械伤害、触电等事故进行模拟，提前预警工程作业特点和危险点、潜在危害和存在问题、可能发生的施工事故，针对工程实施过程中的特点，对危险点的预防措施、安全事项、操作规程和标准、安全事故后采取避难和急救措施，进行具体的、明确的施工安全技术交底。同时，建立起从项目经理到现场施工操作人员逐级的、分部分项的、有针对性的交底制度，纵向延伸到班组全体作业人员。工程概况、施工方法、施工顺序、安全技术措施等向班组长进行交底。定期向由两个以上作业队和多工种交叉作业的作业队进行书面交底，保持书面安全技术交底签字记录。工程师、技术人员在施工前，应当对有关安全施工的技术要求向施工作业班组、作业人员做出详细说明，并由双方签字确认，在工作中检查落实情况。

5.3 资源管理

5.3.1 人员管理

项目部为了加强内部管理，促使工程人员自我改进、自我完善、鼓励先进、鞭策后进，进而提高工作效率，提升工作业绩，现结合项目建设的实际情况，制定了人员管理制度。人员管理制度分为考勤管理制度、施工现场管理制度、人员培训制度、惩罚制度等几个方面，并依托实名制管理系统，建立人员管理机制，通过智慧建造系统平台上线劳务实名制管理模块，实现从劳务队伍备案、劳务人员进场登记、安全培训教育、进入现场作业、现场作业监管、离开施工现场、工资发放监管、劳务队伍考核评价等全过程信息化、智慧化管理。

通过安装无感考勤摄像头超脑设备，对每位入场人员进行身份实名制登记，录入管理平台。利用智能人脸识别技术，施工人员在进出时，系统自动抓取并对比人员信息，结合项目部人力资源管理系统统计考勤打卡、工时统计、排班管理，形成人员考勤明细记录与考勤报表，真正将实名制管理落实到位，解决了施工现场人员打卡困难、打卡效率低排队长、打卡代打等问题，能够让考勤管理制度更加的公平和规范，同时减轻了劳务管理员的工作量，如图 5-4 所示。

人员培训管理系统通过在线学习平台的方式来进行，通过录制学习视频和上传学习视频到系统平台，方便员工随时随地通过 App 或网页进行培训，不再需要组织线下培训活动，极大地降低培训成本。能够对人员进行考试管理，建立考试的名称、考试时间、人员类型、试卷名称等考试信息，以及考试后的分数的录入，一方面帮助员工巩固学习知识，另一方面可以检验员工的培训效果，从而帮助进行培训课程的改进。

图 5-4　人员管理效果图

5.3.2 物资管理

物资管理是工程项目管理的重要组成部分，直接影响工程项目的施工成本、工程质量及经济效益。在物资管理中容易出现由于物资管理人员素质参差不齐，导致多数物资管理人员仅完成工作中的采购供应职能，没有起到有效的物资管理作用，甚至部分物资未达到规范质量与合理价格的采购要求。同时，项目物资管理流程不规范，存在错账、糊涂账的现象。其次，重供应轻管理的现象普遍存在，尤其是工期紧张的项目，物资管理更谈不上专业化、合理化的统筹，甚至不惜成本来保证供应。因此，为解决以上物资管理易出现的问题，项目部制定了完善的物资管理制度，保障项目施工的顺利进行，节约项目建设成本，保障工程质量。

1. 物资采购与验收

根据月度物资需求计划采购相应物资材料后，将采购的物资入库登记，录入物资名称、规格型号、单位、进场数量、进场时间、材料批号、检测报告号、外观检查、委托编号、生产厂家、状态（待检、合格、不合格）等信息。所有进场物资必须由 2 人及以上有权收料人员进行验收签认。对建设方提供的物资、其他特殊物资，业主或监理等要求共同验收或进行旁站验收，项目物资部门组织技术人员、试验人员、外部专家、建设方、监理方及送货人员等相关方共同开展验收。对验收全过程进行视频监控，并将视频资料导入系统内，与对应材料相关联。

2. 物资试验

库管员在系统内发布物资试验委托流程，智慧建造平台可自动推送消息至试验人员通知其现场取样，在物资试验工作完成后，试验人员在对应的材料批号后附加试验报告编号，系统内生成试验委托记录，库管员可实时查看物资试验委托结果。当物资试验合格后，平台自动实现物资入库，支持在系统内打印物资二维码，粘贴于对应位置，以便物资发放时进行校验。

3. 物资发放

库管员根据实际生产需求进行物资发放，系统依据出库数量实时扣减物资消耗。物资发放时，预先选择生产计划，并扫描物资二维码信息，系统校验扫描物资是否与所需物资匹配，不匹配则无法出库。同时建立物资发放"购物车"，扫描且校验成功的物资，会进入"购物车"，便于批量进行物资发放，物资发放完毕后，系统实时更新物资库存明细报表，便于库管员实时查询库存详情，避免因为库存不足导致生产延误。

4. 物资追踪

物资在现场使用过程中，依托 RFID 与二维码对物资的周转与调用进行跟踪管理。借助读写器将统计数据录入内置芯片存储器中，现场管理人员定期对区域内材料使用情况进行梳理总结，并将数据结果保存于读写器之中，同时利用读写器将数据信息录入系统中，定期对数据信息进行存储和分析，根据数据分析结果掌握各类周转物资的使用情况，使用完成后，通过二维码及时进行入库登记。如物资损坏或遗失，应及时在系统内进行备注并采取相关补救措施，依据系统内电子台账对相关人员进行追责。

5.3.3　设备管理

设备管理，即设备的技术和经济的全面管理，要做到技术上先进，经济上合理。设备管理本质上是设备运动过程的管理，设备的运动有两种形态：一是设备的物质运动形态，包括设备的研究、设计、试制、生产、购置、安装、使用、维修、改造、更新直至报废；二是设备的价值运动形态，包括设备的投资、折旧、维修费用支出与核算、更新改造资金的筹措和经济效果分析等。前一种运动形态的管理称为技术管理，后者称为经济管理。它们分别受技术规律和经济规律的支配。据此，设备管理要最终取得两个成果：技术成果和经济成果。即一方面要求经常保持设备良好的技术状态，另一方面要求节约设备维修与管理的经费支出。技术管理与经济管理二者必须紧密结合，项目部为获得设备寿命周期费用最低，制定了设备管理制度，使得设备综合效能达到最高。

1. 设备现场工作规范

项目施工建设最本质、最重要、最基础的工作在施工现场，搞好环境卫生，做到文明生产，加强静密封点管理，消除跑、冒、滴、漏，努力降低泄漏率。抓好"6S"管理（整理、整顿、清洁、素养、规范和安全），深入现场管理，改善工作环境，提高工作效率，提高员工素质，确保安全生产，保证工程质量。

1）规范设备工作环境。根据设备特点和使用要求，建立和配置设备特殊工艺条件要求的环境设施，满足对温度、洁净度等要求，整理和整顿好设备的工作环境和设备附件。让生产现场和工作场所透明化，增大作业空间，减少碰撞事故，提高工作效率。并将设备加以定置、定位，按照使用频率和可视化准则，合理布置摆放，做到规范化、色彩标记化和定置化。

2）查找和设备有关的"6源"，并采取相应的措施。通过调查设备可能存在的污染源、清扫困难源、危险源、浪费源、故障源、缺陷源，进行"6S"管理，不仅要进行清洁、打扫设备，保持设备外观清洁，从更深的层次上说还要预防、降低和消除设备"6源"。

2. 提高职工素质

职工是设备的操作人员，是设备的直接接触者，因此，职工素质的高低影响着设备管理工作的好坏。提高职工素质，指思想和技能两个方面。除规范设备日常工作外，要做好设备管理工作，还要从思想和技术培训上提高人员的素质。在职工的思想意识上首先要破除"操作工只管操作，不管维修；维修工只管维修，不管操作"的习惯；操作工要主动打扫设备卫生和参加设备排故，把设备的点检、保养、润滑结合起来，实现清扫的同时，积极对设备进行检查维护以改善设备状况。设备维护修理人员认真监督、检查、指导使用人员正确使用、维护保养好设备。

做好员工培训工作，特种设备由有资质的国家劳动部门进行培训；企业内部培训使每个设备操作者真正做到"三好、四会、四懂"（三好：管好、用好、修好；四会：会使用、会保养、会检查、会排除故障；四懂：懂结构、懂原理、懂性能、懂用途）。

3. 智慧化设备管理监测

以计算机网络技术为基础，对设备的现实运行方式进行系统的管理，把传统的业务流程通过软件系统有机地串联起来，形成系统的管理体系。围绕设备巡检、保养和维修三大场景，采集基础数据与运行数据，进行实时的统计分析，提高管理效率。

1）设备模具维保

在智慧梁场建造系统与智慧墩场建造系统内维护好设备、模具信息后，系统自动生成设备与工装二维码，可粘贴到对应位置处，通过扫码可查看详情。同时，系统支持扫码填写维保记录，全面记录设备与工装的状态及维修保养详情。

2）龙门式起重机监控

单龙门式起重机作业监测：龙门式起重机增加摄像头，实时监控起重机附近安全状态，并可通过视频喊话。通过安装起重量传感器，采集起重机实时的起吊重量。安装旁压式传感器，通过钢丝绳重量、形变等数据来判断当前钢丝绳的状态。在龙门式起重机支腿处安装角度传感器，采集支腿垂直度。龙门式起重机走行轮胎处安装防碰撞传感器，避免在起重机行走的过程中碰撞障碍物。

双龙门式起重机作业监测：通过安装行程限位器与编码器，采集并控制两台龙门式起重机的起升高度和行程距离，确保两台起重机吊装作业保持完全同步运动。龙门式起重机的安全监测、视频监控等由具体的硬件厂家负责实现，需要将采集的起重机数据开通接口，并将数据实时上传至系统，运行数据实时上传，云端存储，当设备出现异常时，系统自动推送预警信息，提醒人员实时排查，如图5-5所示。

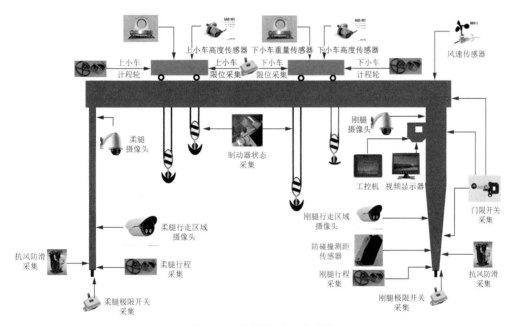

图 5-5　双门吊作业安全监控

3）其他设备对接

将多种智能化设备对接，采集智能化设备生产类数据及安全类数据。生产类数据自动汇总形成 BI 看板，可快速查看生产实况，当设备异常时系统自动预警，同时 BIM 模型闪烁提示。

5.4　质量管理

5.4.1　装配式桥梁质量管理

现代装配式铁路桥梁工程施工环节设置复杂、施工工序繁多、工期较长。在质量管理的过程中容易出现材料与设备管理不细致、施工质量管理指标不全面等问题，影响施工质量。质量管理关乎工程建设质量，是施工管理中的重要环节。项目部始终积极开展施工质量管理工作，严格执行集团公司的相关管理规定，贯彻落实项目质量方针、质量目标、落实权责对等下的监督原则以及目标明确的专业质量管理原则，对工程质量控制中出现的问题进行决策，实现质量目标的分级管理。将装配式桥梁的研发设计、材料与设备管理、施工生产建设、运营管理统一到一体化的施工方案中，将系统性的施工质量管理与配套性的施工质量管理措施相匹配，进而实现对装配式桥梁工程施工质量的一体化管理。与此同时，施工工序、施工进度安排、安全管理及风险预防等也严格按照现用产业链，被分配到各个施工环节中。质量管理的重点是发现施工质量方面的缺陷，并通过分析提出施工质量改进的措施，保持质量处于受控状态。

1. 全过程质量管理

施工质量管理应贯彻全面、全过程质量管理的思想，运用动态控制原理，进行质量的事前控制、事中控制和事后控制。

（1）事前质量管理。进行事前主动质量控制，通过编制施工质量计划，明确质量目标，制定施工方案，设置质量管理点，落实质量责任，分析可能导致质量目标偏离的各种影响因素，针对这些影响因素制定有效的预防措施，防患于未然。

（2）事中质量管理。事中控制首先是对质量活动的行为约束，其次是对质量活动过程和结果的监督控制。事中控制的关键是坚持质量标准，控制的重点是对工序质量、工作质量和质量控制点的控制。

（3）事后质量管理。进行事后质量把关，以使不合格的构件不流入下道工序。事后控制包括对质量活动结果的评价、认定和对质量偏差的纠正。

2. 优化质量控制措施

（1）材料管理优化措施。在材料质量管理优化措施方面，项目部将设计阶段的材料选择、市场调研与样品购置、实验室试验、材料运输质量监测、材料进场入库登记、材料出库信息核实记录、材料加工指标管理、材料施工应用指标评价与指导、废料回收利用等工作，统一纳入设备物资部工作内容中，实施全面指标化管理。

（2）施工质量管理指标与机制优化措施。施工质量管理指标优化措施主要与铁路桥梁工程施工工序和实际的施工分项目构成要素相对应。为了检验其全面性并增强指标的有效性，在实际的指标优化过程中，不断对装配式桥梁施工工序质量风险实施预控分析，细化质量管理指标，完善评估机制、监督机制、激励机制指标方面的内容，完善管理机制。

3. 智慧化质量管理

装配式桥梁建造过程中，预制构件数量和种类繁多，构件的位置和尺寸数据都需要很精确的表达，传统的二维图纸很难进行管理。构建智慧化的工程质量管理体系，利用智慧建造系统平台将 BIM 技术的优势与 IoT 技术、区块链技术、RFID 追踪技术结合，将传统的线下质量管理转变为线上的质量管理，将 BIM 技术的三维可视化信息参数模型等数字化手段替代传统纸质数据管理模式，进行数据存储、协同设计、协同管理、质量管理，解决信息存储和传递的难题，避免了信息孤岛的出现，提高质量管理效率，确保工程各阶段的质量管理措施落实。

最为典型的智慧化质量管理体现在构件验收阶段，智慧建造系统平台内设定了质量验收流程与关键工序的质量验收标准，构件质量验收先由班组负责人进行质量自检，合格后通知监理验收，合格后系统自动生成下道工序的生产任务。在构件工序验收过程中，技术人员可通过手机随时调阅，减轻查阅资料的工作量，降低发生质量隐患的可能性。同时，根据公司要求，预制桥墩在工序验收时，需要采集验收影像材料。在预制桥墩交付验收时，技术人员通过智慧建造系统平台手机 App 调用摄像头采集验收影像资料，并自动挂接预制构件，实现对施工关键性资料的线上留存。

5.4.2　试验管理

在高速铁路装配式桥梁建造过程中，水泥混凝土是常见原材料，此类材料的性能直接关系工程项目使用年限，混凝土强度是影响混凝土结构可靠性的重要因素，为保证结构的可靠性，满足水泥混凝土结构施工要求，相关技术人员严格执行各类原材料试验检测工作规范，进行混凝土的生产控制和合格性评定，加强质量控制措施，全面落实质量管理。

1. 重视水泥混凝土检测仪器设备控制

为保证检测结果数据的精度，每次检查前校正、校对设备，并修订校准计划表，按照设备管理规范将其送至计量检定部门进行现场校准，保证相关仪器设备在使用规范时间内正常使用。若发现仪器设备不在有效期，则需要及时更新、修理。在使用仪器设备前应做到认真观察、记录，例如在水泥混凝土材料抗折试验中深入了解工作细节。

2. 创设良好的试验环境

试验环境对水泥混凝土原材料的试验检测结果有直接影响。在试验环境质量管理中，核心思想是以干湿温度计统计结果为标准，尽量以控制器显示值的温湿度控制记录为依据，保证各类环境信息真实、可靠。同时，在日常试件保护工作中，施工人员应严格执行质量管理规范，降低外部环境因素对试验测试结果的影响，确保混凝土试件的反应环境相同。在现场测试中，还应考虑到外部因素对测试结果的影响。

3. 强化人为因素管理

人为因素对水泥混凝土原材料的试验检测结果有直接影响。结合水泥检测的相关规定，可通过现场宣讲的方法介绍混凝土材料质量控制的相关规定，例如在骨料选择时，从混凝土性能指标入手，密切关注材料的颗粒状态与直径。同时，要避免施工人员不了解材料检测的一般规范而造成数据误差，向施工人员介绍相关注意事项，消除质量缺陷。

4. 智慧化试验管理

利用智慧建造系统平台对构件混凝土试验实现智慧化管理，在系统内预设混凝土试验流程，设定混凝土试验龄期，条件触发后自动生成试验任务，平台自动采集试验数据后与构件绑定，通过联网架构的传感技术和网络传输技术，自动将试验数据、曲线、报告发送到数据监控中心，数据监控中心对上报的数据进行自动分析和处理，显示检测结果。对质量不合格的试验报告预警提示，对普遍存在检测技术水平问题的提出开展比对试验建议，对存在普遍性问题的提出专项检查建议，对问题突出的实验室系统自动提出抽查的建议。

通过监测结果数据自动上传平台，实现多方数据共享，异常数据预警功能。对水泥、混凝土和钢筋的质量起到动态监控的作用。使得试验数据存储调取便利，可事后问题追溯，也为竣工后结算资料编制节省时间。

5.4.3 构件质量管理

装配式桥梁构件在成型、拆模、运输、施工中主要会出现麻面、气泡、蜂窝、裂缝、色差、掉角、飞边等质量缺陷，这些质量缺陷不同程度地对整个工程质量产生影响，例如，不及时合理地修复或者报废会导致工程验收不合格，使用后使得工程存在安全隐患。项目部根据相关构件质量管理标准制定了构件质量管理制度，保障构件出厂质量，为桥梁建设提供保障。

1. 构件生产事前控制

1）原材料选择控制

装配式桥梁构件原材料的采购必须根据相关标准进行合理选择，在满足质量的前提下进行成本控制。装配式桥梁构件生产所涉及的材料有水泥、粗料、掺和料、外加剂和水。这些原材料质量都会影响装配式混凝土构件的质量，因此，必须按照国家相关规定对原材料进行检测，严格筛选，以保证原材料的质量。其中，钢筋要严格控制质量问题，必须考虑连接问题，要满足连接需求。

2）构件质量管控体系

建立完善的质量管控体系，挑选经验丰富的管理人员组建成负责构件质量管理的小组。该小组成员包括项目的设计师、安监员、行业协会专家、项目经理，所有成员根据自己的身份负责组内对应职能，共同参与构件管理，积极落实岗位责任制，将质量监管的任务层层分解，确保能够落实到个人。同时，制定预制构件的工艺标准，加大对精细化管理理念及模式的引入，构建一套可追溯的质量管控体系。

3）生产前优化构件生产方案

（1）在构件开始生产前，对构件施工图设计进行会审，就工程构件设计关键点、难点进行分析（例如：预制构件生产过程质量控制标准、构件运输、装配构件的吊装临时固定连接措施等），充分领会设计意图，对疑问的地方及时与设计院沟通、协调，进行详细的交底和技术交流。

（2）编制构件生产实施方案，明确构件生产标准，请设计院给予审核、认可，得到认可后方可按照方案进行生产，确保构件生产质量。按照生产实施方案，首先生产出构件样品，在构件前期生产阶段，请设计院工程师进行驻厂指导，听取设计方意见，获得设计认可后，方可进行批量生产。构件厂技术人员与设计人员必须对生产的构件一一核对，保证预制构件符合设计要求。

（3）构件厂与设计方在构件拆分上必须密切配合。根据构件厂台车、模具的技术参数及塔式起重机起重量与设计人员深入沟通，合理优化构件拆分，使拆分构件的尺寸与台车及模具的技术参数相匹配。通过采用 BIM 拆分技术从构件大小、均匀合理、受力均衡等方面进行深入研究设计，做到构件大小合理，节省运输空间，做到运输过程中经济、安全、合理。

2. 智慧化构件生产质量管理

构件质量管理主要通过结合 BIM + RFID 技术，通过智慧建造系统平台实现从设计阶段到吊装阶段的全过程质量控制管理。装配式桥梁构件的重要特点是标准化生产，因此，在构件设计、生产、运输、吊装等环节中通过 BIM + RFID 技术进行标准化设计与风险控制追踪，将构件的信息进行完整呈现，并且通过信息化的数据可以与预制构件厂直接对接，提高构件生产效率，进行构件质量把控为装配式桥梁一体化建设提供保障。

1）设计阶段

设计人员利用 BIM 技术在软件族库的基础上进行二次开发，建立生产构件库，保证设计生产的稳定性，推进构件大批量生产，提高生产效率，对质量稳定性也具有充分的保障。利用 BIM 技术解决传统设计方案按二维图纸模式呈现的缺陷，将构件的信息参数统一在三维构件模型中展示，根据相关规范、标准等要求在预制构件中合理设置吊点，方便后期构件的现场吊装施工。

2）生产阶段

生产阶段是预制构件质量控制的重中之重，也是质量控制的核心阶段。通过 BIM + RFID 技术结合，利用智慧建造系统平台进行线上质量管理，在系统内部设定质量验收流程与质量验收标准，构件验收时，采集验收影像资料上传至系统并与预制构件绑定，实现对施工关键性资料的线上留存，防止资料丢失。在构件蒸养温湿度方面，系统安装各类设备传感器自动采集的蒸养温湿度信息，保证构件生产质量实现智慧蒸汽养护温湿度控制管理。

3）运输阶段

运输也是装配式桥梁建筑生产建设的重要环节，对桥梁的质量管控有重要作用。如果生产完成的构件由于没有妥善运输造成构件损坏，一方面会造成返工返修影响工期进度，另一方面还会为建筑物的质量安全埋下隐患，因此要充分重视预制构件的运输作业。在运输阶段，利用 BIM 技术将构件信息进行信息化的动态管理，从前期设计开始为各个构件进行品类、大小、位置、数量等参数进行编码标识，并将编码与 RFID 技术相结合，实现构件生产运输动态管理，并且使用 BIM 集成管理平台进行构件信息共享，所有相关人员可以根据权限调阅构件即时的生产及位置情况，并结合 BIM 技术进行 3D 模式运输环境，避免在运输过程中的风险，保障运输质量。

4）存储阶段

预制构件到达施工现场后，要根据现场情况合理安排仓储、吊装等布局，并根据生产需求合理安排施工设施设备。对于结构复杂、体积较大等特殊构件，还要考虑在仓储环节不会被施工影响破坏，过重过大的构件要考虑对场地的加固处理，并且还要为后期吊装机械的位置预留好构件周转的空间。

BIM 技术在存储阶段中主要在于构件的识别与定位，根据施工吊装的先后顺序合理安排仓储顺序，通过植入芯片将构件信息录入信息系统后，可以直接从信息化软件或平台上直观地操作模拟构件堆放以及施工的流程，便于作业人员进行施工方案的编制与交底工作。

5）吊装阶段

装配式建筑与传统建筑的最大区别在于施工现场主要工作内容，传统建筑主要采用现浇方式，而装配式建筑的施工现场主要以吊装工艺为主，即根据设计图纸及施工方案，将各构件吊运到指定位置进行现场安装或连接，因此在施工环节，吊装工作对装配式建筑的质量有重要影响。

由于吊装构件中需要遵循一定的原则方能进行合理的安装，对于特殊的节点有专门的施工方案，并且由于构件形态的多样化，使得对机械化水平要求较高，同时也对质量与安全提出了更高的要求。因此，BIM 技术在吊装节点能够发挥重要的作用。在前期设计、构件制作、运输、存储采用了 BIM 技术融合 RFID 技术之后，构件都有了唯一编码，并且分类、定位都较为精准，便于开展吊装工作。吊装前，可通过 BIM 建筑模型模拟施工方案，用三维的形式完整体现施工流程，便于技术及操作人员开展实际操作，同时也能够达到可视化技术交底的作用。

3. 构件生产后的检测管理

构件厂生产完预制构件后，需要在驻场监理的见证下对钢筋、水泥、预埋吊钉等原材料进行性能检测，并按照相关验收要求，严格遵循批量送检的原则，确保原材料质量符合要求。为了降低检测成本，可以选择与第三方检验单位进行合作，依靠第三方检验单位提供检验技术对材料质量进行检测。

5.5　施工进度管理

5.5.1　日常进度管理

装配式桥梁建设项目周期长、投资大，存在较多影响工程进度的内外因素，比如工程工序衔接不上、人材机未及时配备、施工人员对项目进度意识不够、进度管控经验能力不足等。在施工管理中，进度管理对于保障施工质量，提高企业经济效益都有着重要影响。影响工程进度的主观原因主要有三点：进度计划设计不合理，进度计划执行不到位、进度无法有效管控。因此，制定项目进度管理制度，运用动态控制原理，不断进行检查，将实际情况与进度计划进行对比，找出计划产生偏差的原因，采取纠偏措施，对于保障工程顺利完成是非常必要的。

1. 检查各类施工计划

为确保工程按期完成，需要精心编制各层级的施工计划。这些施工计划之间的关系表现为：高层次施工计划是低层次施工计划编制的基础和依据，而低层次施工计划则是高层次施工计划在具体执行层面的细化和落实。

2. 明确责任

项目经理、项目管理人员、项目作业人员，应按计划目标明确各自的责任，相互承担的经济责任、权限和利益。

3. 计划全面交底

进度计划的实施是项目全体工作人员的共同行动，要使相关人员都明确各项计划的目标、任务、实施方案和措施,使管理层和作业层协调一致,将计划变为项目人员的自觉行动。

4.调度工作

调度工作是实现项目工期目标的重要手段。其主要任务是:掌握项目计划的实施情况,协调各方面的关系,采取措施解决各种矛盾,加强薄弱环节,实现动态平衡,保证完成计划和实现进度目标。调度是通过监督、协调、调度会议等方式实现的。

5.5.2　智能化进度管理模块

通过智慧建造系统平台中的进度管理模块录入项目的设计工程量、完成工程量、剩余工程量等信息,进行实时监控,每月、每季度进行数据对比,采用图像、曲线等直观反映,并分析进度指标未完成或者滞后原因,及时对施工进度提出预警和预测,如图 5-6 所示。将所有指令和通知转换成信息,做到上传下达,并保证信息传递的畅通,结合项目部的管理类型,做到标准化管理,实现对项目进行及时跟踪。同时,采用系统平台构建了后台管理基础数据库,管理人员实时上传更新数据,对现场施工情况、工程视频上传,对现场施工进行实时把控。系统自动生成可视化图表并对管理人员发送相应提醒通知,对施工过程中出现的问题做出纠正、整改,对各项工序施工标准化控制。及时进行排查消除,实现科学化的及时性管理,提高生产效率。

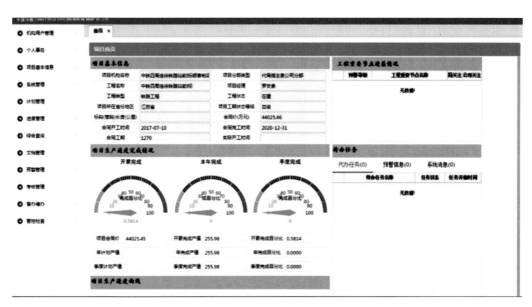

图 5-6　进度预警系统

第 四 篇

平 台 篇

第 6 章

智慧建造系统平台概述

6.1 智慧建造系统平台需求分析

6.1.1 研究状况与趋势

1. 研究状况

智慧化发展是装配式建筑的核心趋势之一。美国、澳大利亚、英国等多国学者对装配式建筑建造系统进行了系统性研究，发现装配式建筑是更加可持续的，其在提高建筑业的效率方面潜力巨大。在科技不断革新的研发环境下，在装配式建筑建造过程中不断融入BIM、物联网、虚拟现实等多种新型技术，提高装配式建筑施工效率，实现工程智慧建造。装配式建筑利用预制技术，结合物联网（IoT，Internet of Things）实现预制构件制造实时可视化和可追溯化，进行预制构件高效化异地制造，不仅能够减少现场活动的数量和花费的时间，还可以提高建筑建造效率以及质量。

国内学者通过对国内外装配式桥梁建造运行维护情况、工程项目信息化技术应用水平情况进行研究，结合BIM、物联网、云平台已经构建出基础的装配式桥梁项目管理系统，并提出了基于BIM技术的装配式工程建设协作管理体系，与此同时，通过GIS与BIM整合的方式对大量的数据进行处理，利用数字的管理体系完成GIS与BIM整合的联动，以及数据的实时输入和数据的联机查询。将BIM技术、区块链技术、物联网技术等交互融合的装配式桥梁智慧建造，才是符合现阶段我国建筑业发展的整体需求和走势。

2. 发展趋势

1）集成化。主要是应用系统与生产过程两个方面的集成，实现应用系统使用单点登录、应用系统数据多应用共享、支持多参与方协同工作，以及"设计、生产、施工"一体化，可以采用EPC模式、集成化交付模式等。

2）精细化。一方面是管理对象细化到每一个部品部件，另一方面是施工细化到工序。通过严格的流程化、前置化管理降低风险，做到精益建造。

3）智能化。在管理过程中，代替或者辅助管理人员进行决策。在作业过程中，有类人工厂和现场的作业，实现智慧化，如在现场作业可能用到3D打印，在工厂里面普遍采用机器人，减少人工。

4）最优化。一是最优化的设计方案；二是最优化的作业计划；三是最优化的运输计划，提高生产效率，降低生产成本。

项目部为进一步提高装配式桥梁建筑施工质量，实现降本增效的目的，推行"设计、生产、施工"一体化数字协同应用发展，搭建智慧建造系统平台，以促进行业数字化、网络化、智能化取得突破性进展，提升数据资源利用水平以及信息服务能力。

6.1.2 发展困境

1. 与 BIM 技术融合难

目前市面上已有较多的智慧建造系统平台，但是大部分都是在设计、招标等环节使用，而在建设、运营等方面的应用比较缺乏。并且，大部分的智能建造系统平台主要用于解决单个的应用问题，而具有高集成度的智能建造系统平台和 BIM 应用系统却很少见，尤其是与工程管理系统相结合的智能建造系统平台和 BIM 应用系统非常缺乏。另外，由于各软件厂商间的相互竞争及技术壁垒，导致各软件间难以进行信息整合及信息交流，从而限制了BIM 技术及智慧建造的推广与发展。

2. 与 BIM 技术的技术调和难

智慧建造体系与 BIM 技术的技术规范研究主要包含的内容有：模型精度标准、模型信息标准、建模标准、软件标准、交付标准、数据管理标准、多源数据存储标准等技术标准，以及应用权责分配、BIM 管理流程、技术实施方案、应用手册等管理标准。虽然，目前已经有了一些 BIM 的技术规范标准、应用规则标准，但是它们的可用性与便利性还需要进一步提升。一些标准没有与国内的建设工程实际相联系，进行本土化与扩展，在现有的工程管理软件中，存在着数据孤岛和难以进行数据交换的问题。

3. 应用推广难

BIM 技术主要以单独使用为主，而整合使用和协作使用比较少见，尤其是与工程管理体系相融合的更是少见，一个好的信息模型应该可以将建筑工程全过程各个阶段的数据、过程和资源联系起来，为建筑工程的所有参与者提供一个统一的管理和协作的工作环境。但是，一些参建方因为自身的原因，并不愿意向公众展示智慧建造系统平台和 BIM 建模，也不愿意进行协作，这就给 BIM 的深度使用和普及带来了一定的阻碍。

4. 缺乏专业技术人员

智能建造系统平台和 BIM 的从业者，不但要对智能建造系统平台和 BIM 软件的工具和概念了如指掌，还要具备相关的工程专业或实践背景。这需要具备能够与公司的实际需要相结合，才能具有制定出智能建造系统平台和 BIM 应用计划和解决方案的能力，但是在国内的建筑公司中，这样的复合型人才还是比较缺乏的。

5. 建造状况获取滞后

目前，装配式预制构件生产已经具备了一定的自动化生产基础，但信息化、智能化程度较低。首先，预制构件生产主要依赖于人工作业，缺乏新型装备、物联设备的深度应用；其次，混凝土拌合站、钢筋加工设备数据存在信息孤岛，数据无法二次利用；最后，龙门式起重机等特种设备缺乏有效监测，安全风险高。

6. 资源配置不全面

装配式预制构件生产计划、资源配置复杂，装配计划与预制计划无法快速有效协同，没有通过装配计划实时指导预制计划排产。在预制计划排程过程中，难以快速依据预制任务合理进行资源配置，生产进度状态没有实时掌握，异常信息没有快速反馈机制。

　　7.整体协同效率不高

　　工程建设全生命周期涉及原材料采购、预制构件加工、工程设计、工程施工、工程管理等众多环节，参与单位、部门、人员多且复杂，不同工种协同难度大、复杂性强，使得设计、生产、施工等环节的数字流和信息流不能有效协同。制、运、架过程分离作业，缺乏有效协同机制，存在严重的等待、停滞现象。

6.1.3　用户需求分析

　　需求分析是平台开发过程中基础的一个环节，也是平台设计与实现的基础需求分析，要全面地、完善地获取用户需求，掌握平台要实现的功能。为了开发出真正满足需求的智慧建造系统平台，同时节约开发时间与成本，明确了解用户需求是关键。明确用户是项目管理人员、监理人员等。设计并实现一个将各种数据与服务功能结合起来的智慧建造系统平台十分重要，可以有效地节约资源并有效的存储、更新和查询信息，提高工作和服务的效率。

　　智慧建造系统平台是利用信息技术搭建的一个一体化的管理信息平台，可以对预制构件生产、施工现场管理、项目管理等各个方面进行实时的监控和反馈，并推进辅助生产决策。

6.1.4　数据需求分析

　　完善的数据体系是平台有效运行的重要基础，数据体系建设是实现智慧建造系统平台的关键环节。智慧建造系统平台数据来源具有多样性，包括 BIM 模型数据、物联网数据、施工数据、文档视频数据等。平台拟对数据进行搜集、整合、分析、输出，运用互联网技术通过大屏、PC、手机等多种方式分享给用户。数据的更新与共享是多方共享、协同管理，智慧建造系统平台会提供一个标准的数据接口服务，将各种不同格式的数据转换为统一格式，实现系统数据的标准化。智慧建造系统平台通过智慧化终端设备自动采集数据，动态监测和控制采集监督环境状况、设备运行状况、用电情况、物质情况、生产情况、人员情况等项目状况，实现环境监测、设备监控、自动报警和安全防范等功能，为建造现场有序运行提供准确信息和动态管理的数据，对突发事件的处置提供决策依据，为施工现场的安全运行及管理提供技术保证。

6.1.5　效益需求分析

　　智慧建造系统平台采用了大量的集成化、自动化、智能化和多元化的信息技术，实现了多专业、多系统的数据采集、信息集成与信息共享，对相关设施设备生产过程安全状况展开自动监测、预警和应急处置，以实现安全生产、智能监控与预警、系统资源共享以及设备集中管理和维护，为项目建设带来了不可忽视的经济效益与社会效益。

　　在经济效益方面，智慧建造系统平台提供了施工精细化管理、工程装备运维监控、远程智能管控、人员智能管理等数据服务，并形成行业数据技术服务产品。并且，智慧建造系统平台实现了对工程进度、安全、质量、设备、人员进行全方位的管理，实现了管理的信息化、集约化、精细化，符合数智化建造理念，大幅提升了管理效率及管控质量，节约了大量的管控成本。

在社会效益方面，装配式智慧建造系统平台利用了云服务和云间互联等技术，从人、机、料、法、环、测等多个方面为施工单位提供了施工风险管理、风险预警、安全管理、机械设备监控管理、工地环境监测、施工人员管理等专业服务。为施工单位提供综合的、全面的、实时的管理服务，提升施工单位的管理能力、管理效率，同时促进了数智化建造领域的大数据产业发展，打破传统管理模式间的数据资源壁垒，实现项目资源信息共享，促进管理优化升级，为智慧建造搭建了神经网络，对施工单位在智能制造的大环境中向数智化方向进行产业升级提供了极大的助力。

6.2 智慧建造系统平台总体规划

6.2.1 总体战略

1. 总体目标与思路

规划目标对于构建智慧建造系统来说是首要任务，只有明确未来建造的总体目标，才能明确未来各个阶段的工作重点和资源需求，使得组织结构设计和资源整合更加具有目的性和原则性，进而可以保持组织机构与目标的匹配性，更好地优化资源，实现资源价值最大化。智慧建造系统平台的建设过程中强调目标引导，要将发展质量和发展规模保持一致，要将人才队伍建设和业务发展保持一致，从而提高智慧建造系统平台的品质。

智慧建造系统平台的总体目标要求始终坚守在项目建设的位置上，不断深入，不断提高创造能力，寻找新的创造节点，把以费用为中心的机构后台控制系统建立好；强化各个子系统的构建工作，将提高效率和效益作为主要的工作内容；将管理信息化付诸实施，建立一个智慧化的管理体系；将现代化施工和智慧建造做好。

智慧建造系统平台的总体思路是运用物联网、大数据、云计算、人工智能、虚拟现实等新一代信息技术，按照"信息化技术集成、智能化生产加工、精益化施工建造、数字化协同管理、虚拟化仿真建造"的总体要求，建立互联协同、智能生产、科学管理的数字化施工项目信息化生态圈，如图 6-1 所示。将整个施工过程通过物联网等先进技术和综合应用，对施工过程中涉及的人、机、料、法、环等工程施工信息进行实时、动态采集，并进行数据挖掘分析，提供施工全过程趋势预测及专家预案，实现工程施工可视化智能管理，以提高工程施工管理信息化水平，从而逐步实现绿色施工、高效施工。有效支持现场作业人员、项目管理者提高施工质量、成本和进度水平，保证工程项目成功，形成一个以数字化进度为主线，以成本为核心的智能化施工流水作业线。

01	02	03	04
智能化发展	精益化发展	协同化发展	虚拟化发展
在施工建造各环节融入人工智能	建立构件全生命周期基础数据库	构建统一装配式桥梁智慧建造系统	动态分析、优化和控制整个过程

图 6-1　智慧建造系统平台建设总体要求

2. 框架结构

智慧建造系统平台的框架结构主要分成两个部分：一是系统组成，智能建造系统由系统硬件与软件组成。硬件起着输入输出、通信、数据存储、程序处理等作用。软件分成两类，一类是系统软件，用于对计算机进行维护、管理、控制等工作，另一类则是将整个平台中的数据文件进行合成，并全部存储。二是规划系统建设，由生产管控系统、智慧梁场建造系统、智慧墩场建造系统、检验批数智化管理系统组成。

6.2.2　建设原则

1. 智慧化发展

智慧建造系统平台在建造施工过程的各个环节融入人工智能，通过模拟人类专家的智能活动，取代或延伸建造过程中的部分脑力劳动，实现机器学习，自动检测其运行状态，在受到外界干扰或接收内部数字流时能自动调整其参数，以达到最佳状态和最具自组织能力。

2. 精益化发展

智慧建造系统平台以项目为载体、连续数字信息流为主线，建立预制构件全生命周期的基础数据库，实现预制构件的仿真、分析、试制、优化、生产、运输、堆放、安装、检测等一体化流水制造，贯穿数字化施工全过程，并逐步往上下游延伸，促进数字化施工产业链的建设与发展。

3. 协同化发展

构建智慧建造系统平台对工程项目中的数据、沟通、进度、质量、成本等统一协作管理，使参建各方在平台上浏览图纸、模型、方案、模拟、进度、质量、成本等，获取自己需要的相关资料、图纸、模型，并进行讨论、批注，提高工程管理水平。

4. 虚拟化发展

智慧建造系统平台基于虚拟建造技术，对施工过程进行仿真模拟，充分暴露施工过程中可能出现的各种问题，优化解决，为施工方案的确定和调整提供依据，并在施工过程中实时监测和评估其安全状况，动态分析、优化和控制整个过程，实现项目建造的综合效益最优。

6.2.3　具体要求

1. 基础要求

智慧建造系统平台利用集成化、自动化、智能化和多元化的信息技术，实现数据采集、信息集成和信息共享，进而对相关设施设备生产过程安全状况展开自动监测、预警和应急处置，以实现安全生产、智能监控与预警、系统资源共享以及设备集中管理和维护，最终实现安全生产、节能环保、降低管理及施工成本投入的最终效果。智慧建造系统平台要求达到以下三点基本要求：

（1）要求智能建造系统平台必须结合各管理部门管理方式上的特点，对各子系统的使用要求及功能需求进行较为详细的说明，具有各子系统的系统功能规划分析。

（2）要求智能建造系统工作必须要结合项目生产实际，符合实践具体情况和具体进度。

（3）要求智能建造系统工作符合国家安全和施工安全管理规定，不得利用系统执行危害社会的行为。

2. 具体实施效果要求

（1）企业可随时对生产状态进行实地查看，实现随时、随地的无缝管理。

（2）管理从现场化向数据化转变，管理模式更为科学，管理效率、反馈效率、执行效率均得到极大提升。

（3）对现场的智能化工装设备可进行实时调控，做到现场机械设备运行情况的实时反馈。

（4）现场质量安全可控，通过预制构件厂内摄像装置对作业流程中的安全隐患点进行监控，对生产安全提供有效的管控措施。

6.2.4 实施方案

智慧建造系统平台以项目建设信息化管理需要为基础，对其进行配置建设。

第一步，搭建项目实施组织。组建智慧建造系统平台指导委员会，为平台建设提供组织保障，以确保平台规划的针对性、可操作性以及资产成果的知识转移。

第二步，梳理智慧建造系统平台研发流程。形成"W-P-E-A-D"的产品研发体系（"W"—Word，建设实施方案；"P"—PPT，解决方案；"E"—Excel，系统功能清单；"A"—Axure，系统界面原型；"D"—Domain，数据领域模型）。

第三步，进行智慧建造系统平台建设阶段划分，进行建设时间规划，保证能够按时完工。智慧建造系统平台建设划分为两个阶段：生产建设阶段（4个月），主要任务为打通预制构件生产多系统、多场景信息孤岛，生产自动化程度和效率明显提高，使得一体化数字协同应用初见成效。施工建设阶段（5个月），主要任务是打通建造施工各个环节，数据采集更精准、管理协同更高效、过程预测更智慧，实现装配式全产业链数字化施工。

第四步，进行平台试运行。进行平台功能测试，与人员培训，进一步完善平台的功能，使其达到理想状态。

第五步，智慧建造系统平台部署实施。基于项目建设的基础环境，配置服务器与客户端，推进平台真实落地实施。编印智慧建造系统平台操作相关材料，指导现场人员使用平台。进行分层培训，保障使用者能够全方位掌握智慧建造系统平台相关功能的使用，相关部署措施如图6-2所示。

图 6-2　智慧建造系统平台部署实施

6.3 智慧建造系统平台建设目标

6.3.1 实现 BIM 技术全过程应用

1. 构建数字孪生预制场

智慧建造系统平台通过三维数字孪生桥墩预制场,动态集成成品、半成品、模台、工装、设备、视频监控等设备的实时数据,与 BIM 模型深度融合,实时驱动 BIM 模型运动及转换,实现对实际预制场的真实映射,管理者可实时了解预制构件位置、状态,辅助生产决策。

2. 建立 BIM 模型信息库

建立预制构件 BIM 模型信息数据库,统一管理和维护 BIM 模型文件。首先,建立 BIM 模型建模标准,明确模型分类原则、文件命名规则、版本管理机制,规范 BIM 模型分析方法。其次,规范模型构件属性,包括模型基本信息和参数信息,构建和维护装配式建筑设计、生产、施工三个阶段的连续模型,支持模型上传、下载、评论、搜索等功能。并且,支持对模型文件进行用户分类、权限管理、版本管理,确保 BIM 模型数据安全。最后,模型建设完成后,严格审核并绑定身份信息。

3. 推进 BIM + 设计应用

在工程规划设计阶段,借助 BIM 技术建模处理和 GIS 技术场地分析,两者有机结合,帮助决策者做出最合理的场地规划。采用 BIM 参数化设计建立整个工程 BIM 模型信息库,工作人员查询构件属性可以得知构件类型、尺寸、材质等参数,关联参数控制自动调整更改,减少图纸之间的错、漏导致信息不一致问题,提高建模和修改的效率。运用 BIM 开展深化协同设计,方便发现可能存在的错误,以及各专业构件之间的空间关系是否存在碰撞冲突,及时进行设计调整与优化,保证后续施工的"零碰撞"。

4. 推进 BIM + 生产应用

推进 BIM 与预制构件生产深度应用,优化预制构件生产流程。在预制构件生产加工环节,从 BIM 模型直接获取预制构件的尺寸、材料、内钢筋等级等参数信息,也可以条形码形式将所有设计数据参数直接转换为加工参数,实现设计信息与生产加工无缝对接,避免生产错误,提高预制构件生产的自动化程度和生产效率。

指导预制构件模型试制。将预制构件使用 3D 打印技术进行试制、预拼装,让装配式建筑真正像搭积木一样在模型中展现出来,以便检验设计方案的合理性,研究更加合理的施工工序,确保施工的进度和质量。

5. 推进 BIM + 施工应用

1)进行施工模拟

推进 BIM + 施工应用,主要通过使用 BIM 技术,模拟仿真施工流程,进一步优化施工方案计划,确保预制构件准确定位,实现高质量的安装。通过 BIM 优化施工场地布置、临时道路、车辆运输路线,尽可能减少搬运,降低施工成本,提升施工机械吊装效率。实现可视化技术交底,使三维直观展示、沟通更加高效。模拟安全突发事件,完善应急预案。模拟具有时间属性施工动画,直观了解施工工艺、流程。

2）节点可视化展示

针对极其复杂、施工要求很高以及无法定位施工而影响装配完成的节点，使用 BIM 技术对此类施工节点进行可视化展示，方便工人精准确保节点的施工连接。

3）动态材料管控

利用 BIM 技术分析施工现场场地，准确设定构件采购上限，结合施工现场材料实际需求，完成不同施工阶段预制构件需求量的快速测算，避免出现材料二次搬运和构件堆放过多等问题。当施工过程中需要修改施工进度时，借助 BIM 技术查看现场施工情况，及时调整材料进场计划，满足各区域构件需求量。同时，利用 BIM 技术完成预制构件与物资材料的盘点工作，差异分析计划用量与实际用量，精确管控材料采购及使用。

4）施工进度、质量控制

利用 BIM 技术模拟分析施工方案计划，构建 4D 或 5D 等多维度施工模型，实时跟踪施工质量和施工进度，对比计划数据与实际统计数据，计算出两者偏差，确保施工组织设计和施工方案计划达到最优，保障施工质量。

6. 推进 BIM + RFID 技术应用

依托 BIM 技术以及 RFID 技术的优势，通过 RFID 将虚拟的 BIM 模型与现实中的预制构件联系在一起，实现各环节数据信息之间的互联互通。确保施工环节产生的各项数据能够在平台中进行实时调配，使预制构件有属于自己的"身份证"，集约化管理，实现工程项目精益管理。

在预制构件生产阶段，通过 BIM 模型提取和更新构件生产过程信息，实现模具自动设计、生产计划管控、构件质量控制，使项目各参与方都能及时准确掌握构件生产信息。

在建造施工阶段，在 BIM 模型上附加施工进度数据生成 4D 模型，并通过 RFID 与施工对象相关联，快速准确定位构件、指导施工现场吊装定位、查询构件属性、实时更新反馈竣工信息，使得预制构件从计划、生产、运输、储存、吊装以及施工过程的控制状况以三维的形式被充分展示出来，有效避免预制构件混淆、找不到、搭接错位的情况发生，有效提高施工过程中的质量、安全管理，大大缩短工期。

在运营维护阶段，将所有预制构件的信息存储到 BIM 管理系统，把原来的决策系统、离散控制系统和执行系统整合到 BIM 系统管理平台上，以使施工质量记录随时能被追溯，也方便运营维护管理。

6.3.2 实现施工管理数字化集成应用

1. 提高检验批数据利用率

检验批数据是工程项目管理的基础数据，是施工质量、安全、进度、造价和物资设备管理的主要数据源。通过统一数据格式、标准，明确检验批数据特征，在检验批数据采集加工后，整合形成检验批基础数据系统，提取整合，进行进度管理分析、物资设备分析、质量安全评分，分析挖掘数据。并且将检验批数据作为工程质量安全评分的标准，提高检验批数据在施工质量、安全、进度、造价和物资设备管理方面的利用。

2. 实施材料数字化物流管理

智慧建造系统平台结合物联网自动识别技术，建立基于现代物流管理的施工现场原材料数字化物流管理系统，在物资采购时，根据（月度）物资需求计划采购相应物资材料，进行智能化钢筋加工、混凝土方量管理，降低原材料消耗，进行原材料质量、可追溯性管理，试验检测数据在线实时共享。实现原材料入出库信息快速准确录入，保障施工现场原材料的实时跟踪定位、运输路线管理、部位识别、工序交接的准确性、实时性和可追溯性，降低施工现场建筑材料剩余、达到建造成本最优化。

3. 集成数字化堆场监管

智慧建造系统平台对施工现场堆场进行精细化管理，确保有限空间的高效使用，避免出现材料积压或备料不足的问题。首先，建立堆场 BIM 模型，包括几何形状、位置、堆场的使用单位、堆场作用、使用时间、最大荷载、最大容量等信息。其次，材料设备与 BIM 模型匹配。在 BIM 模型中录入每个预制构件的唯一编号，并打印出具有身份牌的二维码、粘贴在相应的预制构件上，从而建立预制构件与 BIM 模型的关联。材料设备状态监控，采用智能移动设备扫描二维码识别构件，可录入构件的进出状态、堆场位置等信息，并与 BIM 模型集成，记录进出场时间，实现钢结构构件堆场的动态监控。最后，施工堆场分析与预警，结合堆场各区域的材料堆放阈值及实际堆放材料信息，深入分析各个区域或各分包材料仓储情况，量化显示堆放的材料、剩余空间、积压时间、空间占用率，并使用不同颜色表示各个区域及其状态。

4. 实施设备数字化调度管理

智慧建造系统平台通过在设备（含模具）上安装数字化定位传感器、设备工作状态采集仪、调度指令显示装置等智能化设备，并经由无线传输技术进行数据实时交互传输，最终通过系统集成实现施工现场各类大型设备的管理和调度，实时明确在场设备数量及各设备现有状态，同时，需要建立设备（含模具）管理台账，全面记录设备与工装的状态、维修保养情况，全面提升现场机械设备的数字化管理水平。

5. 集成运输车定位跟踪

智慧建造系统平台通过在运输车上安装 GPS 定位，动态追踪运输车实时位置。平台设定车辆提前到达时间提醒，当到达时间小于提醒时间时，系统自动推送装车任务信息（包括构件编号及位置信息），同时现场同步播报，管理人员根据任务信息准备装车工作。同时该车辆在运输过程中也可实时监控车辆位置信息。

6. 集成数字化进度管理

智慧建造系统平台建立施工计划中任务、构件与模型之间的关联关系，形成多维 BIM 模型，实现施工进度录入，施工进度查看，具象反映施工计划和实际施工进度，便于进行施工进度对比分析，方便项目管理人员进行进度分析，安排后续施工任务，调整施工进度。

7. 集成数字化质量管理

智慧建造系统平台通过实施基于智能设备的数字化质量验收、基于智能移动端的质量整改和数字化质量分析，改变传统质量验收效率低、数据溯源难，不利于保障数据准确和工程质量的问题。

1）基于智能设备的数字化质量验收。根据 BIM 模型生成各检验批质量验收单，应用激光测量仪自动测量各检验批的验收内容，通过智能移动端连接激光测量仪，将验收数据自动填入各验收内容的质量验收单，实现质量验收规划、数据采集、结果分析的集成化、自动化和实时化，减少大量重复、繁琐工作。

2）基于智能移动终端的质量整改。首先，发起质量整改单。当施工现场发现存在质量问题时，现场管理人员通过智能移动终端发现质量问题，进行简要描述，上传与该质量问题相关的现场照片、施工文档等附件，并选择需要协助的各专业分包单位，并指定处理问题的优先程度和截止时间，系统自动生成质量问题整改单。其次，质量整改单处理。质量问题负责人可以通过网页端、手机端方式接收质量问题处理信息，处理完质量问题后上传相应的处理结果照片和描述信息。然后，质量整改单关闭。质量问题发起人可根据质量问题描述以及质量问题处理情况的描述，对质量问题处理情况进行在线审核或进行现场审核，审核通过则关闭问题，否则返回问题重新整改。

3）数字化质量分析。借助词频分析技术、数据挖掘技术将质量管理系统中累计的质量问题进行深度挖掘和分析，实时量化统计施工现场不同单位或专业发生质量问题的情况，为施工现场管理人员提供现场施工质量情况、尚未处理的问题数量、各专业问题整改的及时性、各专业质量整改能力等有用数据。

8. 开展作业人员数字化监管

智慧建造系统平台在现有的管理机制基础上，将人工智能、传感技术、生物识别、虚拟现实等技术，植入人员穿戴设备、场地出入口、施工场地高危区域等关键位置，以期实现施工现场作业人员的全方位监控。

9. 实施数字化安全监管

智慧建造系统平台主要从视频监控、单龙门式起重机作业安全监测、双龙门式起重机作业安全监测、架桥机运行监控等四个方面，通过安装摄像头、传感器等信息化设备，监测设备运行状况，并将数据进行智能分析，结合平台，实现自动推送预警信息，实现数字化、自动化的安全监管。

10. 实施环境因素数字化管理

智慧建造系统平台采用各类技术手段，实施施工现场节能、节地、节水、节材和环境保护，在设计阶段，利用 BIM 模型，结合各项环境因素对施工过程进行绿色施工优化，编制最优的绿色施工方案。在实施阶段，现场布置 $PM_{2.5}$、PM_{10}、温湿度、风力风向、噪声、光照等传感器，实时监测获取扬尘污染、噪声和光污染等环境数据，与绿色施工需要达到的预期阈值相比对，并采用自动化控制设备实现环境因素智能管控，有效降低现场资源消耗和环境污染水平。

11. 集成数字化文档管理

智慧建造系统平台提供类似 Windows 资源管理器的界面，主要包括文档集成存储、文档分类管理、文档版本管理、文档在线流转、基于 BIM 的工程资料快速检索和以图纸为主的资料关联检索等功能模块。工作人员能够像管理本地文件一样管理存储在云端的各类资料。

6.3.3 实现生产数据自动采集

数据是智慧建造系统平台的基础，数据采集是数据分析、挖掘的基础，没有数据，分析也没有意义。通过对预制构件生产线、机械设备、施工现场进行智能化改造，实现自动化与信息化的融合，根据项目建设需求，弹性地调整产能，实现个性化定制。同时，在生产和装配的过程中，利用"物联网＋App"的方式采集生产数据，结合无线射频识别技术（Radio Frequency Identification，RFID）通过无线射频方式进行非接触双向数据通信利用无线射频方式对记录媒体进行读写，从而实现识别目标和数据交换。在部分预制构件（墩帽、墩柱）生产底模上安装 RFID 芯片，模具翻转及混凝土浇筑工位安装 RFID 读卡器进行智能化改造，自动统计，对全生命周期数据进行记录及统计，并生成相关报表。系统记录模具每道工序的生产时间信息，当模具到达脱模位置时，系统自动打印构件二维码，由工人粘贴在对应位置处，可扫码查看构件生产详情，实现各工位按生产顺序完成预制构件生产和数据自动化采集，以及预制构件在设计、生产、运输、现场装配全过程的质量追溯。

6.3.4 建成预制构件智慧建造系统

目前，装配式建造技术在桥梁建筑中日益成熟，预制构件需求量也不断增大，但受限于预制构件产品的项目制、非标件特殊形态，当下预制构件业务运转、经营管控严重依赖大量的人工统计与干预。旧的管理模式难以跟进企业预制业务扩张的步伐，在经营效率、管理成本上均有较大提升空间。当下预制构件业务开展急需一套标准化信息化工具，用标准化、流程化、数字化的手段，辅助经营管理，提升管理效率，降低经营管理成本。

目前，通过预制构件厂进行预制构件生产容易出现生产计划下达不准确、生产过程线下难以管控、质检效率低、寻找构件费时费力、构建质量问题难追责等问题。平台下设智慧梁场建造系统与智慧墩场建造系统，运用"BIM＋RFID"技术，结合"身份管理＋数据驱动"理念，以 BIM 模型为载体，生产智能排程为核心，生产工序流程为主线，打破预制生产多系统、多场景的信息孤岛，提高生产的自动化程度和生产效率，为管理者提供预制生产实时数据、辅助管理决策。智慧建造系统平台下设智慧梁场建造系统与智慧墩场建造系统，在系统内部预先设置预制构件清单、工序、物资需求计划等。根据生产实际需要自动生成预制构件生产计划，实现生产计划编制自动化，推进计划编制的科学性。根据生产计划对开工时间、生产时长等信息进行智能排布，保障预制构件生产按照生产计划进行。根据生产计划，自动完成生产资源配置，提高生产资源的利用率，减少资源浪费。加强生产调度管理，对生产线工人、设备、物料进行全方位管控，保障预制构件生产质量与效率。系统实时获取生产过程中涉及的模台、构件、人员、设备四大主要要素的八种状态信息，（简称"四要素八状态"），将系统所记录的各类数据加以分析计算得到生产信息统计数据，以图表形式汇总并在生产现场看板中呈现出来，为生产线操作工人及生产管理人员提供决策依据，及时调度生产。实现了预制件厂生产过程、质检过程、发货过程，以及施工现场质检过程相关信息的自动采集，减少人员的操作，提高信息采集的及时性和准确性，同时规范生产管理。

6.3.5 建成大数据可视化系统

智慧建造系统平台抽取工程项目各类管理数据，通过各类可视化图表，按数字孪生预制场、领导管理驾驶舱、构件全生命周期轴线、工程项目管理沙盘、工程规划设计、预制构件生产、工程建造施工及视频监控等八大主题，整屏、高分、关联、交互展示与输出，从而实现工程施工智能化、实时化、可视化分析。

智慧建造系统平台内部的数据可视化系统支持多维并列分析，针对海量数据繁多的指标与维度，按主题、成体系地进行多维的实时交互分析，提供上卷、下钻、切片、切块、旋转等数据观察方式，呈现复杂数据背后的关系。数据可视化系统支持交互联动分析将多个视图整合，展示同一数据在不同维度下呈现的数据背后的规律，帮助用户从不同角度分析数据、缩小答案的范围，展示数据的不同影响。系统支持大屏多屏环境，为数字化施工指挥中心量身打造大屏解决方案，超高像素全屏点对点输出，显示画面清晰、细腻，支持多屏屏控，显示内容自由布局组合，可通过 Pad 手持设备作为控制终端来实现大屏的交互控制。

6.4 智慧建造系统平台基础配置

6.4.1 管理人员配置

1. 组织机构及人员安排

项目经理部根据项目管理的实际特点，建立健全施工技术管理体系，明确施工技术管理组织机构，编制相应的智慧建造系统平台技术管理制度。组织管理机构，明确管理层级、机构名称、主责人员，以文件形式印发，项目经理部技术管理组织机构框图如图 6-3 所示。并且中铁上海工程局集团有限公司第七分公司建立信息化建设实施小组，指定专人负责信息化工作，项目部现场负责人任组长，副职任副组长，项目部设专职信息员 1～2 名。

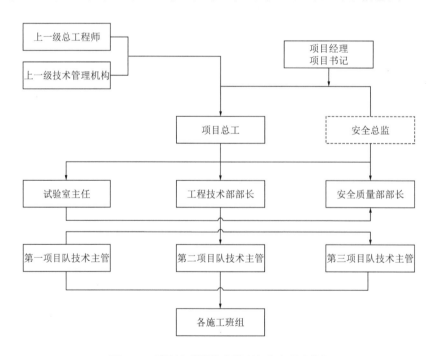

图 6-3 项目经理部技术管理组织机构框图

2. 项目部技术人员配置与分工

项目部按照施工单位的具体情况，对施工单位的技术人员配置规模，业务能力，以及施工单位的专业程度，进行书面规定。工作人员的分工需要内外两个方面有机结合起来，并随着项目的发展和工作人员的变动，进行实时更新，并进行动态的调整。内业需要将技术管理的工作重点及相关工作重点划分到具体的负责人，如果工作量很大，可以明确其合作的人员，在人手不够的情况下，一个人可以同时承担多个经营任务。施工现场可以根据施工区段分部或按部分划分。

3. 人员组织配置构想

项目部建立智慧建造平台实施团队，用于组织开展智慧建造平台建设和运维工作。实施团队人员宜为专职人员。人员组织配置设置组长、实施人员和维护人员三类主要岗位，其职责及其能力要求如表 6-1 所示。

组长、实施人员、维护人员职责及其能力要求表   表 6-1

岗位	能力要求	主要职责
组长	具有丰富的数字化建造平台设计与管理经验，以及独立管理大型数字化平台的经验，熟悉数字化平台设计及相关软件，具有良好的组织能力及沟通能力，熟悉项目部信息化和数字化平台管控原则、制度、标准和方法，有大局观、前瞻性思维与创新的能力，具有良好的组织沟通与协调、项目管理和战略管理能力	建立并管理数字化平台实施团队，确定各角色人员职责与权限，组织、监督人员进行数字化平台实施等
实施人员	应具有一定数字化平台应用实践经验和系统集成经验，能熟练掌握数字化平台应用软件；具有较丰富的数字化平台规划管理、系统实施管理、系统方案设计经验和评价能力；具备管理数字化平台实施日常工作的能力，跨单位、跨部门的沟通协调能力	负责需求管理、方案选型、信息系统项目管理、运维的理论、方法和流程，熟悉其中的数字化平台实施和管控的关键环节
维护人员	应具备计算机应用、软件工程、网络工程等专业背景，具有一定的系统维护经验，具有良好的沟通能力及口头表达能力	负责数字化平台各项应用的日常运维管理，协调各厂家处理运行中的问题

6.4.2 管理制度配置

1. 训练操作基础系统

训练操作基础系统是培养管理人员、施工人员基本系统操作能力，只有熟练操作系统，才能发挥出平台最大的价值。首先，明确岗位和职责，根据项目部的相关规定以及具体情况，制定智慧建造系统平台信息化管理的具体实施办法，将信息化管理规范化。其次，对项目进展情况，特别是遇有紧急情况或意外情况，要在限期内向施工单位或监理报告，确保资讯的正确性，实时地更新资讯。并且，要构建培养体系，加强情报工作的质量，为跟上信息化发展的步伐，应该实施连续的培训项目，并主动参与施工企业的经营体系训练。同时，需要对项目部的领导层进行培训，重点是对施工信息化管理体系知识以及对现代化项目管理知识的学习，提升团队对信息化管理的理解。最后，在对用户进行的训练，重点是对用户进行组织信息管理制度的训练，掌握计算机软硬件基础知识。

2. 系统监控制度

系统监控制度，利用智慧建造系统平台对用户、限时任务、生产数据、CPU、服务器信息、虚拟机信息、磁盘状态、端口、运行模式、运行时间等进行监控，能够提高工作效率，加强时间管理，及时把控实时生产状况，与此同时对系统运行状况进行监控，保障系统的稳定性与持续性，如图 6-4 所示。

图 6-4　生产管理平台服务监控管理

3. 标准化资料处理程序

1）收集资料

信息收集的具体工作包括：收集能够反映项目现场建设状况的数码照片和录像；对建筑图纸进行电子化处理；项目建设方案的绘制；项目的建设与修改；项目建设的电子文件签名；人力、物资、机械设备、资本等资源的统计；工程进度和投资情况的统计报告；施工过程的安全和品质的保障；气象统计；沉陷的监测结果的统计等。通过拍照、摄影、数据记录等方式，准确收集工程项目信息，并及时汇报和保存，实时更新信息，以确保信息的正确性和时效性。

2）处理、组织和传输资料

采用识别、选择、核对、合并、排序、更新、计算、汇总等方法，产生多种格式的数据和信息，供建设单位、监理及项目部的各类管理人员使用。采用网络平台实现信息的传递和分享，并通过数据库和企业内部网络实现信息的传递和分享，通过网络与建设部门和监理员进行信息与信息的交流及共享。

3）资料储存

数据经过加工后，以统一编码、固定格式保存，通常存放于服务器上，采用可携带的磁盘作为数据的安全备份。

4. 管理制度

智慧建造系统平台的建设和实施应围绕其规划、设计、实施、运行、维护、优化等过程建立配套管理规范，约束相关人员按规范执行。相关管理制度包含如下：

1）建设及应用管理制度：为规范智慧平台的建设和智慧应用的操作运用，应制定智慧平台建设和应用制度，包含实施组织、人员培训、操作规定、职责分工等内容。

2）运维管理制度：为规范智慧平台运维过程，针对支撑硬件、应用软件、网络资源、生产数据的日常使用及维护制定管理制度，包括维护计划、维护时间、维护方法、维护任务、厂家售后服务等内容。

3）网络及软件安全管理制度：制定保障智慧平台各类数据安全的管理制度，包括防病毒、防黑客、应用授权管理、数据备份、安全检查、保密等内容。

4）应急管理制度：为保证智慧平台的稳定运行，避免发生故障对正常施工造成影响，制定应急处理、紧急修复的响应流程，规范出现故障时发现、报告、分析、抢修的整个过程，明确职责分工。

6.4.3　信息设备配置

1.组建办公局域网

项目部对电脑办公室的局部区域进行统一的计划，并按照施工企业的统一的标准进行网络配置，建立一个视频会议室。采用统一规划的工程管理系统，采用统一的信息平台及应用软件，以确保工程的施工数据采集和信息管理工作。与施工企业及监理企业的联络应遵循施工企业的特别规定。项目部计算机网络拓扑图如图6-5所示。

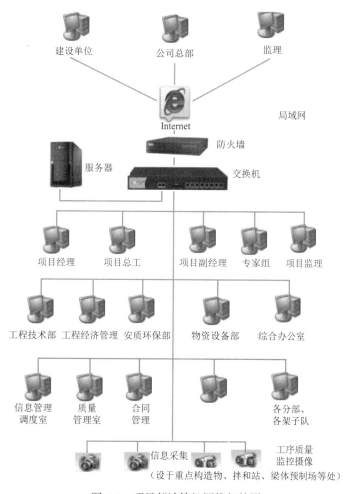

图6-5　项目部计算机网络拓扑图

2. 建设良好办公环境

根据项目部智慧建造系统平台建设要求，在桥梁离监控点 500m 范围内设置该现场机房，梁场等厂区作业面的施工现场办公楼必须设置现场机房，保障数据收集的及时性，问题处理的快速性。现场机房要求 9m² 以上；有冷暖空调，有照明灯，防水性能好，地面贴砖或混凝土地面水泥收光不起飞尘，室内环境清洁，远离粉尘、油烟、有害气体、液体以及有腐蚀性、易燃、易爆物品，四周排水好，不潮湿，安装防盗门窗；有可供设备车辆通行的道路（4m 以上）至设备用房门口，为智慧建造系统平台的平稳运行提供条件。

3. 建立远程施工工地信息管理系统

为了更好地管理建筑现场，以构建动静皆管的立体管理机制为目的，以向建设单位提供项目相关信息的数据采集系统为核心，构建远程施工工地信息管理系统。工地信息管理系统配置与之相适应的终端机硬体，建立起统一界面，进行统一管理；在重要的、大规模的施工现场，可以随时调整摄像头的拍摄角度、拍摄焦点等，以便能快速找到问题所在。信息管理系统收集、整理、传送和存储现场施工信息和数据，加强对工地的质量管理、安全管理、现场管理、进度管理等方面的管理力度，并实时提供视频图像。

第 7 章

智慧建造系统平台模块介绍

7.1 智慧建造生产管控系统

7.1.1 系统概述

装配式智能建造生产管控系统以大数据、物联网、云计算为依托，面向装配式桥梁全生命周期的策划、建造、运维，深化数据融合应用，围绕智能建造层面的大数据，完成数据采集汇集、共享交换、分析决策等功能建设，对项目成本、进度、质量、安全等多方面进行有效的数字化管控，以及施工风险管控、重要环节决策支持、大数据预测分析等服务实现项目建造现场的精益管理，以及项目数字化孪生交付后的智慧运维。

1. 系统框架结构

装配式智能建造生产管控系统以云计算、物联网等多种技术融合为手段，形成包含业务应用体系、应用支撑体系、数据资源体系、基础设施体系的系统框架结构，如图 7-1 所示，囊括了从前端感知到终端应用的完整数据链，保证了实施过程的落地性、可行性和有序性。

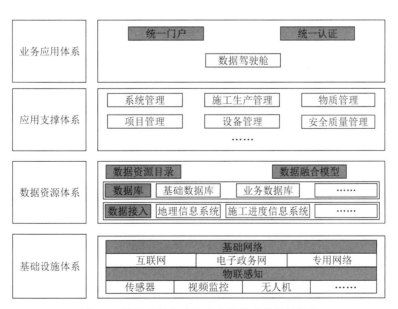

图 7-1 装配式智能建造生产管控系统框架结构

1）基础设施体系

基础设施体系主要是对数据资源进行收集的基础设施，分为两个部分。一是基础网络，由互联网、电子政务网、专用网络组成，用于收集各类项目内外的网络信息。二是物联感知，主要是通过传感器、视频监控、无人机等基础设备收集施工现场的相关数据。

2）数据资源体系

数据资源体系主要是对系统数据资源进行描述。一是数据资源目录，包括基础数据库、业务数据库等各类型的数据库资源。二是数据接入，主要是对地理信息系统、施工进度系统等外在系统的数据接入。

3）应用支撑体系

应用支撑体系主要指系统的各类功能应用，包含系统管理、施工生产管理、物资管理等多个模块，对系统数据进行整合利用。

4）业务应用体系

业务应用体系管理人员以及施工人员通过统一门户、统一认证进入系统门户，利用数据驾驶舱进行项目生产管理，利用各类应用功能辅助生产决策，为决策的制定提供依据。

2. 系统特点

1）实用性强，简单易用

装配式智能建造生产管控系统聚焦影响工地现场管控效果的因素，基于项目施工现场的管理需求，合理配置系统软硬件，通过模拟项目管理全生命周期的建设和管理逻辑，构建和设计实用的能解决用户最迫切需求的功能，覆盖用户想要得到的所有信息资源。系统内部界面设计简洁明了，操作简单高效，切实解放项目管理人员，为整个项目管理带来价值。

2）安全性高

装配式智能建造生产管控系统全面收集工程建设相关数据。其中会涉及参建各方单位的信息安全问题，一方面装配式智能建造生产管控系统搭建设计严密可靠的组织架构来保障系统运行的稳定性；另一方面系统平台建立规范明确的分级登录操作制度，使用人通过被赋予不同访问操作权限的账号严格按照权责范围操作使用，确保所有使用者的信息管理具有较好的保密性。同时满足各方单位用户可以在自身职责范围内充分运用平台的功能为自己减负，助力项目管理增值。

3）具有可维护性和开放性

装配式智能建造生产管控系统从决策者、管理者的思维角度出发，搭建设计简洁易用、灵活友好的操作界面，符合常规的应用习惯，同时提供多种符合行业领域标准，确保系统的统筹管理中心与数据采集设备以及外部业务设备的信息数据可以进行灵活、顺畅的交换传递。

4）具有灵活性和扩展性

装配式智能建造生产管控系统具有较强的灵活性，通过施工现场各区域的监控摄像头、无线定位标签、传感器以及便携终端设备等进行数据采集，能够较好地适应现场数据源的各种变化情况。此外，系统设计有强大的组织与存储信息的能力，用户可根据需求进行扩容和功能扩展，以满足系统使用者的需求变化，同时不会对系统的总体架构造成影响。

3. 重难点问题

1）一线管理人员能力水平参差不齐

由于年龄、工作经验、知识储备等的差别，项目一线管理人员的能力水平参差不齐，部分管理人员缺乏施工经验，在细节处理上考虑不周全，专业能力和项目现场管理水平有待提升。

2）项目生产管理缺乏统一标准

由于项目管理周期长，管理流程复杂，管理过程中填写各类纸质表单过于繁琐，导致制定的项目管理制度容易流于形式，实际并未发挥效用，难以实现项目标准化、精细化管理。

3）项目进度管理滞后

项目进度管理方面，受政府监管、劳务用工、工期合理性等多方面影响，如果不进行合理规划，精准把握项目进度，根据进度动态调整项目建设，容易出现计划进度与实际进度偏差较大、项目进度滞后的现象。

4）项目质量问题不断

项目质量管理方面，目前主要通过项目部现场管理，容易出现因项目管理人员能力问题而导致的质量问题，更重要的是统计分析问题，优化改进方案，形成公司内部项目质量管理优化方案，逐渐提高公司质量管理执行标准，控制相关风险和隐患。

5）项目安全施工有待进一步加强

项目安全管理方面，很多项目建设容易出现重施工轻安全的现象，总是在出现安全事故后才抓安全管理，安全防控意识不强。另外，安全管理人员的数量和质量也有待提高，经常出现安全员数量未按标准配备的现象，项目安全施工有待加强。

6）项目人员管理、考核激励不到位

大型装配式桥梁建筑项目施工现场环境复杂，一线建设人员数量庞大，施工人员素质良莠不齐，增加了现场人员管理的难度。同时，在项目考核激励方面，考核指标设置的合理性、考核评价的客观性、考核结果与奖惩挂钩的有效性等是工作难点，处理不好绩效考核的问题，容易影响项目一线人员的工作积极性和工作效率。

除了上述问题，在项目建设管理方面普遍存在管理基础薄弱、管理理念欠缺的现象。同时，还容易出现以下问题：材料物资的现场管理较为复杂，对物资管理能力和效率提出更大挑战；项目档案资料管理不到位，项目结束后，资料交接不完整；项目审计不到位，由于企业审计人员不足，一般在项目出现问题后进行审计，项目的过程管控需要进一步加强；项目变更和签证手续滞后于实际施工时间等。

生产管理是项目管理中的核心环节，因此，在装配式桥梁项目建设过程中，做好生产管理是项目顺利建设的前提，同时也为项目质量、进度管理提供保障。通过利用现代化数字技术，建成智慧建造生产管控系统解决项目生产管理中出现的痛点，实现智慧化、标准化的项目生产管理。智慧建造生产管控系统核心技术流程如图 7-2 所示。

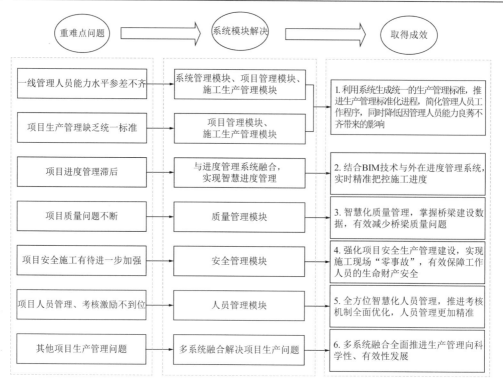

图 7-2 智慧建造生产管控系统核心技术流程

7.1.2 系统模块介绍

1. 系统管理

1）组织管理

（1）用户管理

用户管理是能够登录平台的账号集合，即登录用户，其最基本的属性为用户名和密码，如图 7-3 所示。登录用户类型分为内部员工、往来单位用户，往来单位又分为供应商、客户、网点等。主要功能包括：用户信息的维护、查询、授权角色、授权数据权限。用户管理可以对登录平台的管理人员进行增加和修改，填写用户相关信息，即可添加成功。也可以对人员进行修改、停用和删除。所有人员信息的数据支持批量导入和导出。

图 7-3 用户管理

（2）部门与岗位管理

部门管理是指组织部门采用多级组织管理维度、无限层级，部门管理是对所有部门的基础管理，可以对部门进行新增、修改和删除，如图 7-4 所示。岗位管理是可选功能，它是组织架构下的精细岗位划分，是业务流程控制、业绩考核、预警体系的基础，不同的机构、部门下的同一职务，则是不同的岗位。岗位的主要适用场景是面向业务管理，而角色主要是针对权限功能。岗位管理是对所有岗位的基础管理，可以对岗位进行新增、修改和删除，支持批量导出，如图 7-5 所示。

图 7-4 部门管理

图 7-5 岗位管理

2）角色管理

角色管理是系统功能权限设置的基础，相当于权限分组，所有用户对应到相应权限角色，便具有该权限角色所赋予的所有菜单权限和操作权限。每种用户类型所属的角色不同，如员工可能会有：经理、财务、会计、职员等。主要功能包括：角色维护、授权功能菜单、授权数据权限、快速分配用户。角色管理支持对登录平台的管理人员进行权限分配，填写权限相关信息，即可添加成功。另外可以对分配的角色进行修改和删除。所有角色数据支持批量导出，如图 7-6 所示。

图 7-6 角色管理

3）系统设置管理

（1）菜单管理

菜单管理主要用于配置系统菜单和操作权限。菜单即系统的功能菜单项，操作权限是属于菜单权限的子项，也就是具体的一个操作或按钮，例如：某一个菜单是"项目管理"，其对应的权限包括"增加""修改""删除""审核""发布"等。菜单权重是什么样的用户或管理员可以操作或访问什么级别的菜单，比如：比较重要敏感的菜单，只有管理员才可以拥有，超级管理员可以访问二级管理员、系统管理员、超级管理员权重的菜单，但不允许访问默认权限（业务菜单）；系统管理员可以访问超级管理员指定给他的系统管理员及以下权限的部分菜单；二级管理员可以访问超级或系统管理员指定给他的二级管理员及以下的部分菜单；普通用户只能访问管理员指定给他的默认权重的菜单，如图 7-7所示。

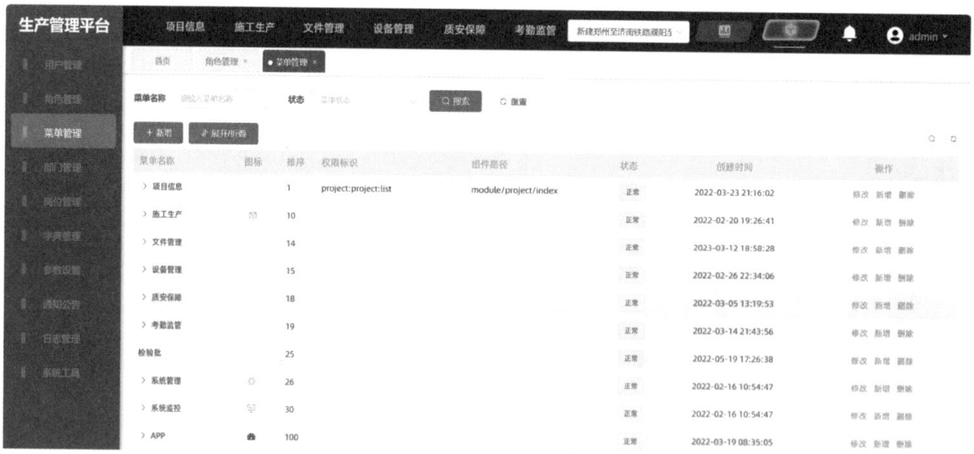

图 7-7 菜单管理

（2）字典管理

字典管理用来维护数据类型，如下拉框、单选按钮、复选框、树选择的数据，方便系统管理员维护，如果要求增加或变更一个配置项，只需要修改对应的字典类型数据即可。主要功能是字典分类管理。字典数据管理是对字段的基础管理，可以对字段进行新增、修改和删除，支持批量导出，如图 7-8所示。

图 7-8　字典管理

（3）参数管理

参数设置是提供开发人员、实施人员的动态系统配置参数，对平台的参数进行基础设置，支持新增、修改和删除。修改参数不需要去后台修改 yml.文件，也无需重启服务器即可生效，这里的配置参数开发人员可以通过通用的 API 进行调用，和获取 yml 里的参数 API 是一致的，参数值的读取顺序是：Environment→ JVM 中启动的参数→application.yml→ 本参数设置中的参数，如图 7-9 所示。

图 7-9　参数管理

（4）通知公告

通知公告是信息传递处理，支持新增通知公告，并且支持修改和删除，让用户能实时收到信息且快速处理，如图 7-10 所示。通知公告集中发布新闻、通知、公告、制度等，帮助员工及时了解项目的发展动态，支持快速查找全流程驱动，信息审核后自动发布，支持图文和视频混排，使公告发布工作更有条理。避免了沟通交流过程产生意外，推进消息准确高效的传达。通知公告管理内含公告发布、系统信息、广告查询、分类管理、实时同步等功能，满足企业信息多端同步，随时接受通知公告的要求。还能根据实际情况，个性化定制项目管理信息发布的跟踪功能。

图 7-10　通知公告

（5）日志管理

日志是设备、服务器或者程序对于自身状态和运作行为的记录，可以记录下系统产生的所有行为，并按照某种规范表达出来。通过它可以了解设备、服务器和程序的运行情况，会成为在事故发生后查明"发生了什么"的一个很好的"取证"信息来源。日志管理支持对操作日志和登录日志进行查看与导出，能够为系统进行排错，优化系统的性能提供依据，或者根据这些信息调整系统的行为，如图 7-11 所示。

图 7-11　日志管理

2. 项目管理

装配式智能建造生产管控系统能够对项目进行新增、修改、查找并实施管理。项目信息（项目名称、项目分类、项目状态、注册日期、开工日期、竣工日期）以表格的形式呈现，如图 7-12 所示。并且可对项目信息进行新增、修改、删除、查找，在项目管理窗口通过填写项目名称、负责人、施工单位、监理单位、施工合同段，选择所属机构、机构属性选择项目主体，完成项目创建。利用智慧建造系统平台，推进项目管理实现数字化、智慧化，规范项目的基本信息，便于管理人员把握项目的整体状况，更好地掌握项目进展情况，提高管理效率。

图 7-12 项目信息

3. 施工生产管理

装配式智能建造生产管控系统在初始使用与使用过程中需要大量的数据导入，数据是装配式智能建造生产管控系统运转的灵魂所在。装配式智能建造生产管控系统在设计之初设置了大量的数据导入模板，方便进行规范化数据导入。装配式桥梁项目建设涉及复杂桥梁工程，在数据导入部分设置了"桥梁工程"模块，如图 7-13 所示，以及"施工计划基础数据"模块，如图 7-14 所示。同时，系统内部设置数据字典，便于导入数据通过数据字典实现数据转换，并通过模型进行数据验证。通过以上步骤实现生产计划、验收记录、维护记录等数据的完整导入，保障了数据的可利用性与有用性，这为进一步的生产数据利用提供基础保障。

图 7-13 "桥梁工程"模块

图 7-14　"施工计划基础数据"模块

4. 设备管理

装配式智能建造生产管控系统通过搭建设备台账，实现数字化台账管理，打通线上业务链条，让一切设备数据联通起来，实时跟踪作业状态。通过设施设备管理系统与相关管理系统的无缝隙对接，使设施设备管理者可以完全通过设施设备系统处理日常工作，为设施设备管理者提供一站式服务；打通整个线上业务链，保证一线员工日常工作都可以在线上实现，不留业务盲点，让设备员工日常工作统一归口于"设备 App"管理，从传统的纸质打印凭据、手写凭据，转变为 App 线上实现，让一线作业变得简单、规范、可监督，如图 7-15 所示。进一步完善设备监控及维修体制，实现设备异常的及时处理，设定设备维修保养时间，在网络上对数据进行分析处理，可以定期地提醒管理人员进行保养维修，降低设备故障对设施设备日常工作的影响，简化设备维修保养等工作的人工成本。并且，对设备运转记录进行收集，形成报告，还可以对后台进行检查和管理，如图 7-16所示。

图 7-15　设备台账

图 7-16　设备保养记录

5. 物资管理

1）常规物资管理

装配式智能建造生产管控系统物资管理功能秉承整体性原则、分解—协调原则、目标优化原则进行设计，目的是节省工作人员大量数据收集、录入、整理、查询、修改等手工操作，能够极大地提高工作效率，最大限度地降低用户和管理员的工作量，使物资管理尽量简便，同时促进业务的规范化、程序化，及时给各级领导提供必要的信息统计，加快物资的周转速度，提高经济效益。

在物资进场之前，对物资基础信息录入系统当中，如图 7-17 所示，基础信息包括物资名称、数量、质量状况等信息。这些基础信息录入后将与台账中具体子目号的合同价相匹配，相关部门审核后的金额将成为物资采购计划的依据。在物资计划与采购环节，按照下一阶段施工的具体计划确定相应物资的计划采购量，按照材料规格的不同分别提交，系统将自动汇总上报，按照预设的审批流程完成付款前的准备工作。对于供应材料，各标段报送物资需求后，系统自动汇总。物资现场管理，按照物资消耗的特点确定物资现场管理的方式。对于主材的消耗，主要采用材料进销存系统进行控制。结合现场使用情况，可将每一规格主材的数量进行续进、消耗等操作。物资与计量报表输出，物资管理模块的数据可与计量支付中的数据自动关联、汇总、分析，形成最终的物资计量报表。通过以上 4 类措施对工程物资进行有效管理。

图 7-17　物资记录录入

2）材料信息追踪

装配式智能建造生产管控系统运用信息化系统平台进行物流、材料管理，实现材料的追踪定位和库存计算，对进一步材料耗费和订购计划提供数据支撑，进而方便成本、进度等管理，如图 7-18 所示。同时，通过材料信息表，对材料的物流信息进行跟踪出库、入库记录进行录入分析能够实时监测构件的存货和后勤状况，利用装置联机实时监控耗材情况，为所有的材料设定库存预警值，当到达预警线之后，就可以对管理人员进行警报，并可以对材料进行及时的补充。以材料消耗清单所形成的数据库记录为基础，寻找一种材料和它的规格型号，并可以追踪到所用材料的梁号，从而产生材料的逆向追踪统计信息。并且，通过网络传输与手机 App 相结合，进行实时操作，构件厂管理人员对进场材料数量、消耗数量以及劳务人员作业信息、工作时间信息展开查看与追溯，展开实际控制。

图 7-18　材料质量信息综合管理

6. 安全质量管理

1）安全管理

装配式智能建造生产管控系统安全管理功能按照国家"安全第一、预防为主、综合治理"的方针指导，结合安全生产法律、法规、标准的要求和企业安全普遍模式，借助信息化手段和当前科技手段对企业进行文件管理、责任管理、流程管理、现场管理、知识技能提升，落实安全生产责任制、安全管理制度和操作规程，排查治理隐患和监控重大危险源，建立预防机制，规范生产行为，使生产环节符合有关安全生产法律法规和标准规范的要求，通过质安看板界面的曲线图和柱状图，整体呈现了安全问题的相关数据，并结合相关视频监控把施工现场状态，使得人、机、料、法、环、测处于良好的生产状态，及时发现未解决的问题，帮助管理员及时跟进解决，指导和帮助企业提升安全管理水平和本质安全度的管理，如图 7-19 所示。

2）质量管理

装配式智能建造生产管控系统质量管理功能是一种组织内部用于管理和控制质量相关活动的体系，旨在通过信息化手段，实现现场质量管理各检查环节、各岗位人员的高效协同，无缝衔接。依托基于物联网的质量追溯系统，实现装配式构件的全过程信息采集和质量数据追溯，确保项目符合质量标准，包含一系列文件、程序和流程，用于规范和指导组织内部的质量管理活动。质量管理功能提供了一种结构化的方法，以确保质量的一致性、可追溯性和持续改进。质量管理功能通过问题管理，填写问题的基本信息，如图 7-20 所示。

质量管理人员对问题进行导出和检索，问题是否被解决将通过未解决问题与已解决问题审核，保障项目质量问题能够被百分之百解决，提高项目建设质量与建设效率，确保产品和服务达到符合质量标准、提高组织绩效和竞争力、促进持续改进生产技术，提高施工现场质量管理信息化和智慧化水平，促进建筑业可持续发展，如图 7-21 所示。

图 7-19　质安看板

图 7-20　质量问题填入

图 7-21　质量问题解决

7. 人员管理

1）人员信息管理

人员信息管理是人员管理的基础功能，包含对人员信息的录入、修改、查找、导出、导入以及人员档案、人员培训管理、人员考勤考核管理、人员定位等功能，能够自定义员工信息字段来扩展更多内容记录信息，便于企业对员工信息的标注和补充，如图 7-22 所示。另外，员工信息的录入可以通过员工扫描二维码来自行录入，只需要进行信息核实后就可以完成信息录入，极大地减少了不必要的时间投入。

图 7-22　新增人员信息

管理人员在管理平台上进行管理工作，员工培训管理系统可以完成员工培训资料、考试试卷的上传，确保每个员工都可以下载并查阅培训资料。对人员进行考核的管理，第一步是创建考核信息表、成绩、排名输入。采用考勤考评与人事管理相结合的方法，以面部特征为依据，完成智能的考勤查询同时，系统可以对施工现场的施工人员进行位置管理，并将施工人员的实时位置信息显示在管理云端。

2）车辆监控

装配式智能建造生产管控系统车辆监控功能用于车辆可视化监控管理，如图 7-23 所示。车辆监控功能通过 GPS 定位系统自动获取车辆坐标，并通过 GIS 电子地图动态改变标识车辆，实现车辆实时跟踪，以便管理人员和调度人员及时了解车辆行驶情况。车辆监控模块同时提供按条件定位，管理人员可通过输入车牌号或站点名，地图自动定位到指定车辆或站点并居中放大显示。行驶轨迹回放，用于查询指定车辆的指定时间段的行驶情况，并在电子地图上绘制车辆行驶轨迹。轨迹绘制将根据指定的车辆从指定的开始时间的位置开始绘制直至到结束时间所在位置。系统将保留车辆一个月内的行驶轨迹信息，以便回查。车辆监控功能提供各种丰富多样的图表和统计报表，例如：车辆信息表、司机信息表、申请单信息表、出车分配表等。明确用车情况和用车成本，了解车辆营运费用。车辆监控功能提供了有效的监控手段，宏观掌握车辆营运状况，提高车辆的使用效率，直接减少车辆运营成本，为项目用车提供保障。

图 7-23　添加车辆信息

8. 数据驾驶舱

装配式智能建造生产管控系统数据驾驶舱，将采集到的数据形象化、直观化和具体化，为项目建设的相关决策提供支持。简而言之，数据驾驶舱提供的是一个管理过程，旨在实现数据可视化。数据驾驶舱是整体统一的，是对一个区域所有项目的整体把控，包括海量的、多维度的数据组合来统一展示业务全貌，在一个界面展示了在建项目的数量，所有设备的状态统计、项目分类统计、构件生产进度统计等，能够快速掌握项目的进度，如图 7-24 所示。数据驾驶舱实现了项目的各类安全、生产、质量、环境、设备等数据进行统一存储、组织、管理、查询、监控，便于使用者快捷地进行数据集成和管理，能够对数据质量持续化地监控、记录、发现问题和优化。提供系统间高质量数据流转，提高各系统的业务质量，实现企业内部数据资源有效整合，为企业提供标准化的、统一的、高质量的数据整合平台，提高项目的精细化管理水平。

图 7-24　决策驾驶舱

9. 其他管理

1）会议管理

项目建设是一个长期的过程，会议是项目建设日常工作的重要组成部分。智慧建造系统平台会议管理功能，利用智能触屏设备、移动端应用、后台管理软件联合通用。

在会议之前，根据会议内容自动生成会议纪要、内容、主题、时间等信息的可视化图表，对管理人员、与会人员发送相应会议信息，提醒通知。除此之外，还可以提前进行会议预设。这样就可以在召开前实现对会议的需求进行一个预判，避免因对会议需求不明确导致的一系列问题。整个过程中未出现人与人的直接交互，全部是人与系统之间的交互，流程准确、规范、科学，节约了时间，提高了效率，有效地编排了会议室资源，并使其得到合理的利用。会议管理功能为企业构建出一套高速、稳定、安全的音视频通信交互平台，提供即时的远程、可视化的交流通道，大大提高了公司内部办公业务的效率，从而可以有效地降低差旅费用，提高公司的业务、时效性与竞争力。构建后台会议管理基础数据库，会议管理人员实时上传更新数据，包括会议精神、学习主题、培训内容、技术探索、党课教学等，做好分类档案管理，方便日后的会议资料提取。

2）日常信息管理

智慧建造系统平台日常信息管理功能范围涉及各种信息的沟通与传递。建设日常项目管理信息化系统，采用系统平台下达通知和指令，通过及时接收信息的反馈功能，做到信息的迅速上传下达，大幅提高信息流通率，同时结合项目部的管理方案和类型，做到标准化、系统化管理。针对视频监控录像等进行分类管理，可以随时回溯过去场景，方便交底验收、处理矛盾、留存证据、总结汇报、还原技术等，如图7-25所示。保障项目日常信息的有序管理，推动项目日常信息管理规范化，增加项目信息的可控性，提高项目运转的效率。

图7-25　铁路工程影像管理系统

3）技术资料管理

智慧建造系统平台技术资料管理功能将规范档案资料录入及整理的工作流程，有效建立专属档案库，实现电子档案与实物（纸质）档案的有效对应，对档案管理权限进行高效准确设置，实现多用户、多部门精准权限分配下的档案检索及利用作为设计理念。该平台解决了此前技术资料档案利用手续繁杂、服务内容简单，忽视档案的深层次开发、服务方式落后，工作效率较低等问题。技术资料管理功能将工程建设项目中，相关的技术资料、图纸等技术资料按照规范进行分类管理，如图7-26所示。在系统平台技术资料管理上传后，进行集中管理。方便技术交底和日后的审查，对施工重难点处理的技术方案以及新的工艺工法进行记录。同时，在系统上形成技术报告申请专利等，更是可以对以后遇到类似的工程困难提供借鉴帮助。

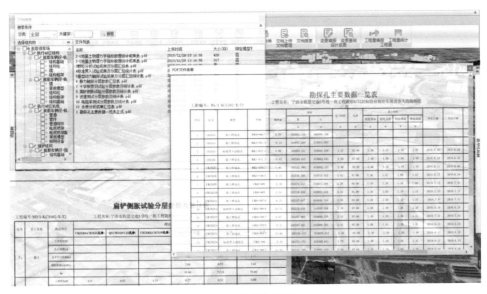

图 7-26　技术资料管理

7.1.3　与其他系统融合研究

1. 地理信息系统

装配式智能建造生产管控系统和地理信息系统的充分融合，发挥各自的作用，提供空间及定位可视化参考，进一步完善管理建筑外部环境信息。

装配式智能建造生产管控系统结合谷歌地图影像资料，反映现场的实际线路走向，提前获取征地拆迁范围和区域、施工场地的地形地貌，合理组织施工生产，有效地安排施工进度，做到提前预判、预警，如图 7-27 所示。

图 7-27　谷歌地图

系统基于 BIM 等图形 3D 引擎，利用 GIS 等地理信息系统的空间信息支撑平台，研发出智慧建造系统平台和地理信息系统模型的三维可视化平台，并设计出模型导入、查看、剖切、透视、显示、隐藏等功能模块，实现例如"GIS + BIM"模型的快速导入、查询和轻量化显示。在此基础上，通过属性信息与空间数据的有效关联，实现属性信息的分类查询、属性数据的增减、信息的导出、图表的绘制以及报表的创建，实现属性信息的查询、统计分析与数据的管理。

装配式智能建造生产管控系统与地理信息系统融合，对工作人员进行实时安全定位管理，对更好地进行人员配置等提供可视化贡献，对于重难点项目需要的人员调度提供远程指导技术支撑，如图 7-28 所示。

图 7-28　人员定位管理系统

2. 施工进度管理系统

装配式智能建造生产管控系统与施工进度管理系统融合，通过项目录入的设计工程量、完成工程量、剩余工程量进行实时监控，每月、每季度进行数据对比，采用图像、曲线等直观反映，并分析进度指标完成或者滞后原因，及时对施工进度提出预警和预测。

通过施工进度管理系统将施工信息上传至装配式智能建造生产管控系统，可以有效实时监管施工进度，以可视化的方式直观观察施工进度过程，再通过与计划进度的比对，来指导进一步施工计划，掌握、把控施工进度。同时，建立 BIM 施工模型，以施工组织设计和进度计划为依据，对深化设计模型展开改进，在装配式智能建造生产管控系统中将深化设计模型与进度信息相结合，最终构建出符合进度管理需求的进度管理模型。利用智慧建造信息系统平台可以对进度进行仿真模拟，并对进度计划进行优化，还可以利用移动端来完成现场的实际进度的填写，从而完成计划进度与实际进度的对比分析、预警管理、形象进度展示以及进度统计分析，从而达到进度管理的目的。施工模型进度管理如图 7-29 所示。

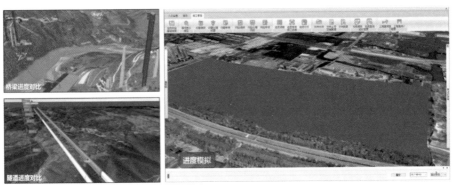

图 7-29 施工模型进度管理

装配式智能建造生产管控系统利用施工进度管理系统对构件级进度、产值、工程量数据的实时查询，解决 CAD 常规管理过程中记录数据与实际数据不匹配问题。同时，该系统以多源信息为基础，在同一空间内实现多源信息的协同运用，以克服当前工程项目施工过程中因信息源单一而造成的信息不完备等问题。

3. 施工安全隐患排查系统

装配式智能建造生产管控系统与施工安全隐患排查系统融合，根据不同项目危险源，提前做好危险源识别，并对危险源做定期和不定期排查，利用不同管理岗位的职能，对项目施工生产过程中的危险源进行预判、预警、监理、整改等，使得项目的安全质量得到保障，如图 7-30 所示。

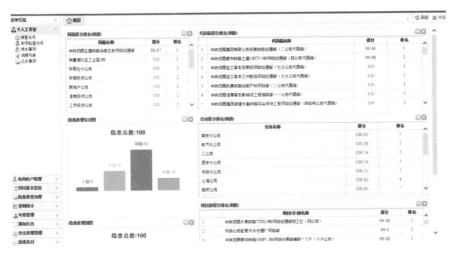

图 7-30 施工安全隐患排查系统

4. 项目成本管理信息系统

装配式智能建造生产管控系统与项目成本管理信息系统融合，以项目合同清单为主线，将项目收入管理、责任成本预算、收方结算过程控制、核算分析、控制调整的全过程进行融合，实现成本管理相关业务的控制，将成本管理与资金支付相关联，在施工过程中对工程数量、劳务单价、主要材料消耗、机械费用等各项费用进行有效把握。项目成本管理信息系统与装配式智能建造生产管控系统结合，利用智能分析模块，对成本系统数据进行分析，可以有效地为成本管理提供反馈，降低成本损失，完善成本分析。

7.1.4 系统作用

在国家节能减排的新要求下，随着新一代信息技术的发展，装配式建筑在桥梁智能建造方面将越来越广泛地被应用，对装配式桥梁建造全生命周期进行有效管理将成为一个重要任务。建筑信息模型和物联网等智能化技术的发展，也为装配式建筑的生产和施工管理提供了一种信息化的新思路。装配式智能建造生产管控系统结合 BIM、IoT、Web 和可视化等技术，围绕数据信息的自动采集、多源异构信息的集成以及基于数字孪生的管理系统设计等方面开展研究、设计，为装配式桥梁建造在生产、运输和施工阶段实时数据的采集、处理和应用提供应用探索，最终实现生产效率和经济效益的提高。

装配式智能建造系统以信息共享、技术集成、管理协同为体系，将系统数据底层贯通，打破数据壁垒。通过技术手段打破数据在项目阶段等维度上的壁垒，推进系统应用范围贯穿项目全生命周期管理。系统实现业务平台一体化、系统功能模块化，操作便捷可灵活扩展，在操作使用上实现业务平台"真正一体化"。针对不同岗位设置，提供个性化的移动工作台、管理驾驶舱，使各级人员在能够实时获取到最真实的同源项目数据的同时，又受到不同访问权限的严格管控，解决了信息采集、共享的问题，并且基于系统为项目在线搭建了整套的管理体系，模块化的建设理念满足了项目对系统灵活定制与未来扩展的需要。

装配式智能建造生产管控系统提出了一种基于物联网技术的实时数据自动获取、解析和传递的方法。设计并实现了针对进度管理、结构健康监测和环境监测实时数据采集方案和硬件终端。利用物联网技术，使各类传感器采集进度、环境、构件姿态等相关数据，实现对实时数据的采集、处理和存储。系统通过搭建可视化数据集成平台，将建筑信息模型文件优化后在 Web 端进行解析和交互，将装配式构件的属性信息进行计算、提取并储存于数据库，最终通过 Web 平台将物联网设备采集的装配式桥梁的实时信息、建筑模型几何信息和建筑构件属性信息进行集成。系统建立了一个数据管理应用的平台，实现在 Web 端和手机移动端对项目的实时进度、环境信息和结构健康等动态信息的查询和管理，提高了装配式建筑生产、施工的效率和效益，并提供了装配式建筑信息化管理迭代升级的途径。

7.2 智慧梁场建造系统

7.2.1 系统概述

智慧梁场建造系统主要服务于箱梁预制与架设全业务链的经营管控，以二维码为数据载体，打通项目清单、产品清单、材料清单、生产过程、出入库的全业务流程，在实现对设计、制造、库存、交付的业务数据全生命周期贯通基础之上，辅以标准化、流程管控、统计分析等信息化手段提升箱梁预制构件业务经营标准化管控及快速扩张能力。智慧梁场建造系统主要目的是实现梁场生产过程、质检过程、发货过程，以及施工现场质检过程相关信息的自动采集，减少人员的操作，提高信息采集的及时性、准确性，同时规范构件生产管理。

1. 系统框架结构

智慧梁场建造系统主要从梁场的生产管理、人员管理、安全管理、质量问题管理、现代化信息管理五个角度出发，由应用层、数据对接层、云服务层、硬件交互层组成，如图 7-31 所示。

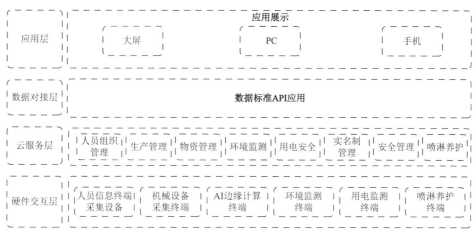

图 7-31 梁场智慧建造系统框架结构

1）硬件交互层

硬件交互层作为智慧梁场建造系统的最底层主要由预制构件厂内各种设备采集终端组成，包括人员信息终端采集设备、机械设备采集终端、AI 边缘计算终端、环境监测终端、用电监测终端、喷淋养护终端。硬件交互层的主要功能是对预制构件厂内各类设备的生产数据进行采集、汇总。保障数据的完整性、数据采集的及时性，为智慧梁场建造系统提供最基础，同样也是最重要的数据支撑。

2）云服务层

云服务层是智慧梁场建造系统数据进行统计分析后的数据应用层，数据经过硬件交互层采集汇总后，进行分析，将结果投入到预制构件的生产当中，包含人员组织管理、生产管理、物资管理、环境监测、用电安全、实名制管理、安全管理、淋喷养护等应用内容，是智慧梁场建造系统的核心内容。

3）数据对接层

数据对接层主要是实现数据标准 API 应用（Application Program Interface，应用程序接口）。API 是一组定义、程序及协议的集合，通过 API 接口实现计算机软件之间的相互通信。因此，数据对接层的主要功能是提供通用功能集，为各种不同平台提供数据共享，保障数据的流通性，实现系统数据协同应用分析，提高决策的系统性、连贯性。

4）应用层

应用层主要面向系统工程师、预制构件厂管理人员等用户。应用层的实现应充分考虑梁场生产与管理人员的操作需求，实现系统大屏应用、PC 应用和手机移动端应用，对梁场生产数据进行可视化，辅助其提高生产管理决策水平。

2. 系统特点

1）生产排班智能化

系统根据架设施工计划结合工序模板、工作日历及现场各工位工序进度状态，智能计算每个预制构件的理论开工时间和生产工位，通过系统自动向负责人推送作业任务，生产安排更加科学、高效。

2）物资管理智能化

系统梁场清单库可根据生产排程情况自动配置、设备材料以及预埋件等生产资源需求清单，可自动提交物资计划，提高管理效率，减少物资准备不及时影响生产进度的情况发生。

3）生产进度透明化

系统通过与生产设备数据对接物联网智能采集，人工智能采集 App 网络提交等多种手段，实现对生产任务及进度数据的动态采集，并可根据管理需要按照不同维度生成进度分析报表并自动查找进度异常工序，便于管理者全面掌控生产进度，严格掌控进度节奏。

4）现场管理可视化

系统利用二维码技术实现梁场管理，实现构件身份一物一码，每片构件都拥有唯一的二维码作为身份确定，现场人员可通过扫码自动获取预制构件的设计和生产信息。系统内置预制构件厂的 360°全景，集成了成品、半成品、台座、工装设备的实时数据。

3. 重难点问题

智慧梁场建造系统主要是通过系统模块解决生产进度管控、生产排产、数据集合三大难题，智慧梁场建造系统核心技术流程如图 7-32 所示。

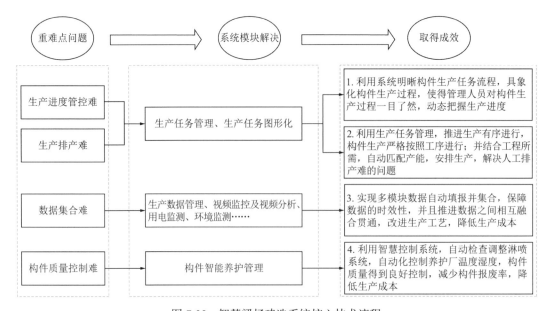

图 7-32　智慧梁场建造系统核心技术流程

1）生产进度管控难

梁场的生产进度直接影响到工程的施工进展。铁路工程预制梁场工期紧、任务重、生产管理要求高、难度大。传统梁场利用手工作业，管理粗放，时效慢，派工、工序、人员、质检等数据来源准确性无法稽核，同时，传统预制梁在生产中仅在梁体喷涂梁号等有限信息，管理/生产人员必须额外查找图纸、文档等才能获取全部信息，无法实时溯源以及快速找梁，使得工作量巨大。

2）生产排产难

箱梁生产涉及诸多工序，传统的生产排产计划模式难以解决动态变动的生产环境、相互冲突的生产计划排程的目标、复杂多约束的生产现场等问题，加之高速铁路桥梁工程的生产订单多、个性化需求多、半成品多，使得生产排程变得更加困难，后期出现延误风险时无法及时预警与修正。

3）数据集合难

传统梁场内各工序材料多为手动填报，数据多而复杂，准确性及时性无法保障，各类报表需要花费大量时间进行二次整理，时效性变差。梁场内设备与产品数据模糊、实时性差，管理者缺乏真实高效的数据支持。同时，数据没有累积，无法实现数据贯通利用，不利于管理者分析改进工艺、降本增效。

4）构件质量控制难

预制构件生产过程中会涉及多个环节和多个主体，可能导致质量控制工作的混乱和失效。同时构件生产受到诸多外部环境因素的影响。例如，原材料的质量波动、生产设备的精度和稳定性、工人的技能水平等都会对构件质量产生影响，增加了质量控制的难度。

7.2.2　系统模块介绍

1. 构件生产管理

1）生产任务管理

梁场生产规模大，构件生产工序繁多，智慧梁场建造系统的一个重要工作就是对构件生产进行管理。生产任务管理的目的是保障构件生产的顺利进行，有效地提高生产效率。生产效率的提高与构件生产顺序、工序安排、机器分配有很大的关系，所以，对生产任务的管理直接影响构件生产的进度。生产任务管理首先对构件信息进行统计，包括构件的种类、完工时间等，然后按照机器的情况对构件的生产流程进行安排，包括机器分配、生产顺序等，能够提供生产任务管理、生产任务变更、生产任务汇报等生产业务流程管理功能，可实现生产任务全面跟踪。

智慧梁场建造系统在进行生产任务管理时，能够根据施工计划结合工序模板、工作状态及现场各工位工序进度状态，辅助梁场人员合理安排工作任务，减少中间沟通成本。在按照工序模板依次执行的每一项预制构件生产任务均可在系统中查看其工序进度，在上一步工序完成后，下一步工序负责人可通过手机接收自己负责工序的任务，通过一个任务的信息链将所设计各道工序的负责人有机统一起来，真正实现信息集中、互通，减少中间环节的沟通成本，如图 7-33 所示。

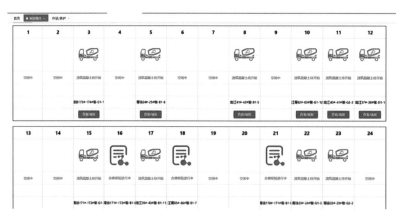

图 7-33　梁场生产任务管理

2）生产流程图形化展示

生产流程图形化是将构件生产活动转化为可视化的进行程序，直观地描述构件生产的具体步骤，使用图形化表达流程思路，把一个复杂的过程简单而直观地展示出来，大大提高了生产效率。将生产流程图形化方便管理人员将实际操作步骤和想象的过程进行比较、对照，更加方便寻求改进的机会。最后，生产流程图形化展示将工作过程中复杂的、有问题的、重复的、多余的环节以及可以简化和标准化的地方都显示出来，有利于我们把复杂流程简单化。采用图形化的方式展示了梁场生产过程中各工序的状态，管理人员能够直观地看出预制构件的生产进展，掌控梁场生产全局，提高了梁场的管理水平，提高生产效率，如图 7-34 所示。

图 7-34　生产流程图形化展示

3）生产数据管理

生产数据管理领域主要是对产量（Quantity）、品质（Quality）、成本（Cost）和交期（Time）四个维度的数据进行管理，是集生产数据的采集、存储、传输、统计、分析、发布于一体的完整信息管理过程。通过生产数据的采集与分析，了解并掌握梁场的生产状况，为各级管理者提供有力的决策分析手段。同时也方便生产计划的生成，并根据生产的实际状况，及时调整优化生产计划。

智慧梁场建造系统根据预制构件的工程资料、型号名称、预制构件体类型生成唯一编号，从而将各预制构件的原材料试验数据、试块抗压强度等数据与预制构件关联，如图 7-35 所示。生产完成后，质检人员通过手机 App 追溯预制构件在生产中使用的原材料、试块抗压强度等试验数据信息，做到数据有源头、质量可靠。

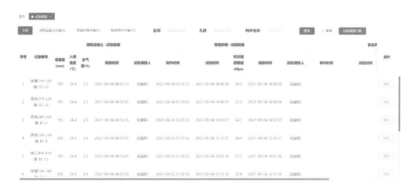

图 7-35 生产数据管理

4）质量问题反馈管理

质检人员在对生产过程中各项工序进行质检时若发现有质量问题可以通过手机 App 及时上报至智慧梁场建造系统，并指派给相关负责人进行处理。工序负责人登录智慧梁场建造系统后可在待办任务中反馈处理结果，保证生产问题不被信息噪声淹没，不留安全隐患。系统会在后台留存记录，保证预制构件的生产质量。

5）生产台账管理

生产台账是能够正确反映和保障构件质量状态的重要技术资料，生产台账管理包括生产台账的记录形式、格式规范、具体内容和要求。包含的内容有：构件名称、构件型号、构件规格、生产日期等构件基础信息。对于梁场而言，生产台账是构件生产全过程管理的一项基础性工作，也是提高生产效率，保障构件生产质量的重要工作。

智慧梁场建造系统使用电子台账取代传统的纸质台账，实施生产台账动态化管理，及时更新，准确记录构件的流动状态。生产人员将所有的构件生产信息通过 App 填报时自动录入，节省了管理人员在后期添加整理生产数据的时间和精力，保证了一手生产资料直接上传留存，避免了中间环节传递出现错误，如图 7-36 所示。

序号	架桥机号	梁型	所属区间	小里程墩号	大里程墩号	节段次序	节段编号	生产时序	BIM编号	节段梁编号
1	2	35	江阴南～青阳	71	72	7	B1	1	XS1-QJ7-K72-G5-J7-S176-Y1-LB1	江青71-72墩-B1-7
2	2	35	江阴南～青阳	71	72	6	B1	2	XS1-QJ7-K72-G5-J6-S180-Y2-LB1	江青71-72墩-B1-6
3	2	35	江阴南～青阳	71	72	5	B1	3	XS1-QJ7-K72-G5-J5-S182-Y3-LB1	江青71-72墩-B1-5
4	2	35	江阴南～青阳	70	71	7	B1	4	XS1-QJ7-K71-G5-J7-S184-Y4-LB1	江青70-71墩-B1-7
5	2	30	青阳～徐霞客	7	8	7	B1	1	XS1-QJ8-K8-G5-J7-S184-Y5-LB1	青徐7-8墩-B1-7
6	2	35	江阴南～青阳	70	71	6	B1	5	XS1-QJ7-K71-G5-J6-S186-Y6-LB1	江青70-71墩-B1-6
7	3	30	青阳～徐霞客	7	8	6	B1	2	XS1-QJ8-K8-G5-J6-S187-Y7-LB1	青徐7-8墩-B1-6
8	2	35	江阴南～青阳	71	72	4	B1	6	XS1-QJ7-K72-G5-J4-S187-Y8-LB1	江青71-72墩-B1-4
9	3	30	青阳～徐霞客	7	8	5	B1	3	XS1-QJ8-K8-G5-J5-S188-Y9-LB1	青徐7-8墩-B1-5
10	2	35	江阴南～青阳	70	71	5	B1	7	XS1-QJ7-K71-G5-J5-S189-Y10-LB1	江青70-71墩-B1-5

图 7-36 生产台账——节段梁信息

2. 构件智能养护管理

1）硬件组成系统

智慧梁场建造系统智能养护管理功能主要是预制构件的养护，采用智能温湿度技术对温度、湿度等参数的变化数据进行分析。本书提出一套基于温度测量方法构想，按照模块的结构，划分为温湿度测量模块、温度调节模块、湿度调节模块、数据存储和显示模块、通信模块。系统主要的硬件是以低功耗单片机作为控制核心，根据混凝土标准养护室的试验环境的特征，采用防水型高精度数字式温湿度一体传感器，并将其与智能温湿度传感器单总线技术、单片机以及相关的通信协议等相结合，确保其在长期的应用中具有的稳定性和数据通信采集的准确性、可靠性。

在养护室中，安装温湿度感应器，使用信息化软件控制电磁阀，在管理蒸汽发生器的启停，使养护室中的温度、湿度保持适宜，加速混凝土构件的早期强度生长，从而提升养护效率，并保证养护、转运等各个工序都能处在实时监控的情况下，达到对养护过程参数的精细化分析与控制的目的。

2）功能设计

智慧梁场建造系统智能养护管理功能设计主要有以下 3 个方面：

（1）按照标准维修房的尺寸，可对维修房的内部进行三维多个点的检测，可对维修房的温、湿等信息进行多种方式的实时获取，并可将这些信息直接传输到环境监测云平台中。

（2）建立一个需要对标准养护室内进行控制的温湿度上下限值，并通过对该参数的实时收集，以及对该参数进行调整后的温度、湿度等参数。当出现超过温湿度上下限值的情形时，能够发出警报，并对其进行智能控制，并对其进行温湿调节，使其达到标准养护室的温湿度的要求。

（3）设置时段，可对各个采集点的温度、湿度及时间进行自动记录，并将所记录的温度、湿度资料画出监控的变动图，可对数据进行历史查询，并可自动产生一份记录报表，亦可将其储存到使用者所需的外置可携式储存器中，方便使用者进行资料的分析及记录报表的印刷。

3）工作流程

智慧梁场建造系统智能养护管理功能实现温度和湿度的数据采集、存储、显示、控制和云通信等功能。采用数码温湿传感器进行温、湿度信息的获取，经过系统的分析后，以模组形式对各个采集点进行实时显示，当温度、湿度超出设定上下限时，该模组可以自动地对温度、湿度进行调节，从而保证混凝土养护室内始终处于一定的温度、湿度范围内。与此同时，持续性地将收集的数据上传到电脑和云计算中，让电脑对各个温度值、湿度值、日期和时间进行保存，将其画出并打印出来，方便试验人员对温度和湿度值的变化规律展开统计和分析。

4）温湿度控制内容

立体养护室内设有控制器开关、蒸养管路、蒸汽产生器、温度和湿度传感器。控制装置的开关控制水蒸气产生装置，温度和湿度传感器会自动收集立体养护室的温度和湿度，保证养护室的温度和湿度在一定的范围内运行，如图 7-37 所示。在操作参数出现异常的时候，控制切换会按照具体的状态发出对应的切换信号，然后蒸汽产生装置就会按照这个信号控制蒸发量。各立体养护箱的下侧设置有蒸汽和营养管路，与蒸汽发生装置相连接，以供应营养箱的营养维护用水。通过使用信息化智能软件系统的指挥和调度功能，可以实现对养护、转运等各个步骤的实时监测，并对其进行及时的处理，随时对各个养护室的温度和湿度进行掌控，并根据实际状况对温度和湿度进行调节，确保构件的养护环境，从而提升施工的时效性。

图 7-37　立体养护室控制软件界面图

对接养护系统数据掌握每片预制构件的养护周期，按照每片预制构件经过养护后放置至存放区域来设置养护倒计时，保证每一片预制构件都经过规定的养护时间，如图 7-38 所示。通过二维图形化的方式显示存放预制构件区域，按照预制构件编号在可快速定位每片预制构件的位置，还可查看型号及该预制构件生产过程全流程数据，以及所使用的物资数据，方便进行预制构件从物料使用、生产全过程的信息追溯，同时，预制构件出货时，可按照二维存放图快速查找到预制构件的位置。

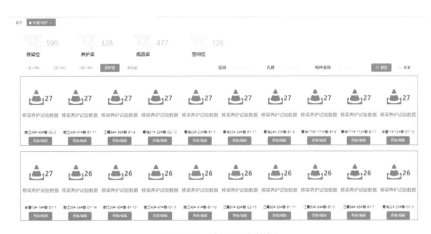

图 7-38　养护系统数据

3. 其他功能

1）视频监控及视频分析

智慧梁场建造系统构建了兼具智能化、覆盖广、易部署、可复用、识别率高、预测精准的视频监控及视频分析功能，可以长期提供智慧监控服务。视频监控及视频分析功能由前端摄像机、智能识别服务器、智能识别系统软件、点位报警终端、Web 端管理平台等部分组成。由高清摄像机及附属设备组成，实现前端高清视频信息的采集，主要分布在梁场的各区域，通常是有人员经过或者有需重点抓拍的安全区域。视频监控平台可融合梁场视频监控系统模块。通过力拓自主研发的视频智能分析设备智眼云盒，接入既有视频监控设备，运行场景应用的定制化算法，运算结果以可视化应用服务将各类违规实时抓拍、各类型违规抓拍统计、人员统计、平面图显示人员形象位置、平面图视频监控预览、禁入区域闯入图形化显示在大屏端显示，如图 7-39、图 7-40 所示。并利用点位报警终端来接收分析系统发出的命令，并在终端进行告警提示。Web 端管理平台统计和展示抓拍的数据，方便管理和查看。

图 7-39 视频分析功能

图 7-40 重点区域及危险区域人员进入识别

通过对施工现场的全范围部署，实现全局监控，搭配人工智能图像识别和智能分析，可以及时发现工地内的不规范行为和安全隐患，比以前靠人巡查的方式，提高了覆盖范围和时间，减少了在工地巡检方面的人力部署，降低了人力成本，减低了管理风险，整体提高了工地管理能力，提高了项目推进效率，为整体项目节省资源开支，提高项目整体收益率。

2）健康管理

智慧梁场建造系统通过实名制系统不仅要管理好施工人员的正常工作、考勤以及安全，还能做好人员的流动以及健康状态的监控。智慧梁场建造系统通过具备测温功能的人脸识别 Pad 可以对进出人员进行体温监测，每日健康核验，加强项目施工人员日常健康监督管理，同时对来访人员、返工人员进行登记、测温、人员流动情况排查，如图 7-41 所示。保障项目建设安全有序，切实维护人民群众身体健康和生命安全。充分发挥信息技术在健康管理工作中的作用，让管理员及时掌握人员健康信息、员工健康应急物资采购和应用情况等数据，施工人员可以随时随地快速上报或发现个人健康状态信息。

图 7-41　疫情防控人员登记 App 业务流程

3）物资管理

智慧梁场建造系统可根据生产任务自动配置、设备材料以及预埋件等生产资源需求清单，可自动提交物资计划，提高管理效率，减少物资准备不及时，预埋件缺失等影响生产的现象，对于容易消耗的物资采用警戒值管理当库存数量低于警戒值时会触发报警，提示物资管理人员及时补充物资，防止出现由于物资不足而影响正常生产的开展。具备记录场内物资采购情况、材料出入库情况、物料存放情况、计算物料库存明细等物资常规管理功能。

（1）可记录物料类别、存放位置、供应商信息、采购计划情况、出入库情况、领料情况等相关内容。

（2）可建立材料动态流转台账，对剩余材料量进行分类统计。

（3）可设置库存底线，当库存量不足底线时，进行预警。

（4）可根据工程用料预估、任务用料预估、库存数量等，实现物料采购计划的制定与执行情况跟踪管理。

（5）可实现物料领料申请的制定与执行情况跟踪管理。

（6）可通过接口与场内其他智能化信息接入，并实现数据采集、传输。包括对接拌合站操作系统。记录配合比搅拌时间等，并通过物资管理系统，计算材料消耗、剩余、进场检验等情况，对接无人过磅系统。

（7）可实现手持移动终端，便捷化采集物料出入库。

（8）结合系统的生产管理可实现每个批次的物料使用在具体哪些预制构件的生产中。

4）环境监测

环境监测可对预制构件厂的 $PM_{2.5}$、PM_{10}、风速、温度、湿度进行实时监测，监测数据可在系统中查看，当生产过程中出现如 $PM_{2.5}$ 超过限定指标的时候系统报警提示，并自动开启环境降尘喷淋装置，从而有效降低扬尘对环境污染。由于预制构件厂生产中使用了许多大型龙门式起重机等大型机械设备，在一些地区时常会有大风等极端气候条件，当出现大风天气时可报警提示现场施工人员及时对龙门式起重机等大型机械设备进行加固，并禁止在大风天气作业，可通过智慧用电中的机械设备的用电监测对大风天气的设备用电监测来保证在这些天气未有作业进行，从而保证生产人员生命安全，如图 7-42 所示。

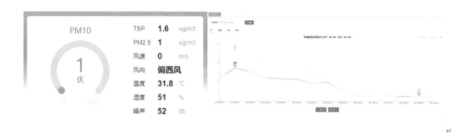

图 7-42　环境监测

5）用电监测

梁场装有许多大型机械设备，用电安全成为保证生产有序开展的前提。智慧梁场建造系统用电监控功能主要由智能监测终端（具有实时监测、电流限定、剩余电流及温度监测，电能数据采集等功能）、智能网关（双向通信）、管理云平台（Web + App）三部分组成。

用电监控功能通过物联设备实时采集大型机械设备的用电状况，将监测数据实时回传，如果监测数据出现异常，会生成相应的预警记录，并语音报警提示现场施工管理人员前往排查，保障现场的用电安全。用电监控功能还可通过功率、电流、电压等基础指标的数据，对用电量进行分析，根据地区工业用电费用平、峰、谷的电价差异，合理安排生产时间，从而减少预制构件厂的用电支出，如图 7-43 所示。用电监控功能实现了预制构件厂的用电隐患预警，保障用电安全，提高了用电管理效率，有效降低成本。

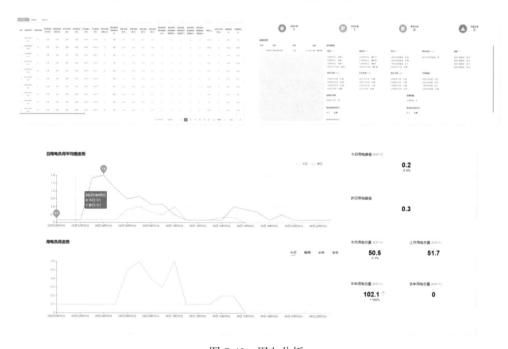

图 7-43　用电分析

6）龙门式起重机智能监测

智慧梁场建造系统的龙门式起重机智能监测功能是由龙门式起重机的全智能化监测预警系统和数字化管理系统两部分组成，能够提供起重机安全运行状态的实时预警和控制，在此基础上提供起重机驾驶人员管理，设备管理等多种信息管理功能。龙门式起重机智能监测功能符合《起重机械安全监控管理系统》GB/T 28264—2017，基于传感器技术、嵌入式技术、数据融合处理、无线传输网络与远程数据通信技术，在起重机上安装安全监测预警系统，实时监控起重机的限位和载重数据，对每次吊装作业进行实时监控，防止起重机超重、超载、超速、超位，对设备可能出现的异常状态、非正常操作等进行声、光报警，并全过程记录。龙门式起重机智能监测功能保证了机械设备的安全、稳定运行，减少安全事故发生，便于事故追溯，提高安全管理水平，如图 7-44 所示。

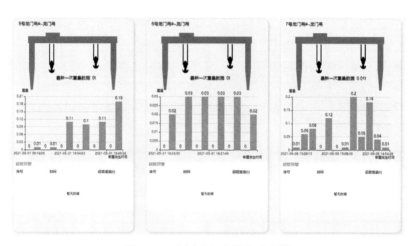

图 7-44　龙门式起重机载重监测

7）预制构件厂 360°全场景

智慧梁场建造系统通过 AR 建立预制构件厂 360°全场景模型可以俯瞰了解现场实际情况，功能包括浏览查看生产信息、实时视频、现场未穿戴安全帽和反光衣信息实时告警、环境监测信息、人员进出实名制信息推送、塔式起重机监测数据实时显示。每隔一段时间对 AR 场景进行更新，保证 AR 全场景能够与现场实际同步，管理部门一平台掌控全局。并将 360°全场景模型与预制构件厂诸多数据对接结合，实现预制构件厂的全方位把控，提高生产效率，保障工程进度。

（1）对接实名制。通过人脸识别闸机的实时进出人员信息可在 360°全景看板上弹出显示，并按照工种可统计实时在厂的劳务人员数量，实现人员管理精准化，如图 7-45 所示。

（2）对接生产管理数据。生产管理作为系统的主线任务，生产需要经过多道工序，在预制厂的不同位置需要进行各工序的生产，360°全场景模型通过具体生产任务将实际生产的模型数据与实际关联起来。

（3）对接视频监控与分析数据。可以将安装在现场所有的视频监控设备与 360°全场景模型对接，管理人员在监控中心通过在模型场景中漫游，点击模型中与实际场景对应的视频监控设备可以预览对应位置的实时视频。

图 7-45　人员实名制

（4）对接生产统计数据。可在首页将生产相关的重要数据与360°全场景模型进行对接，包括开累、当日存放配件数量、当日出厂数量、当日完成养护的预制构件数量等涉及预制构件生产管理的数据均可以在模型中展示。

（5）对接其他系统的数据。可与360°全场景模型对接搅拌站、蒸养系统的数据，可在模型中显示搅拌站混凝土拌合情况、混凝土质量信息、混凝土浇筑情况。

（6）对接环境监测数据。可将预制厂安装的环境监测设备数据对接至模型中，当有极端天气如台风或风力过大的天气时，模型中会有报警信息弹出预警提示，提前做好大风天气防护措施，加固如龙门式起重机等机械设备。

（7）对接物资使用数据。可将重要物资的使用量与360°全场景模型对接展示，如当日混凝土消耗量、开累混凝土消耗量、今日钢筋消耗量、开累钢筋消耗量。

7.2.3　系统作用

智慧梁场建造系统通过引入新技术新手段实现"设计端、构件端、现场端"全流程的信息化管理平台，使梁场全流程各工序有效衔接，过程采集的质量验收数据可真实反映构件加工及劳务施工水平。系统通过对应用数据的采集、运算统计为管理者就持续出现的错误问题进行有效的分析研判提供数据支撑，从而制定相对应的提升手段及整改措施，实现责任的全面可追溯留痕管理。智慧梁场建造系统实现了箱梁二维码"一码到底"的创新性突破，达到箱梁构件全方位、全过程质量、生产信息追溯的数字化、精细化，实现了施工现场与构件厂验收数据的互联互通，降低了构件各类质量问题的发生频率，大幅度提升构件及现场施工品质，给装配式桥梁建设项目质量管理带来真实效益，对装配式桥梁行业起到标杆引领作用。

智慧梁场建造系统，实现梁场构件生产的智能化、信息化，优化了梁场构件生产线的管理流程和模式，以实现智能化、信息化，优化构件生产线的管理流程和模式，实现动态、系统和全面的风险预警。提供过程可视、快速高效的管理服务，有效实现预制构件生产与智慧化管理间的结合，从而提高项目整体施工和管理质量。有效实现箱梁构件生产与智慧化管理间的结合，从而提高项目整体施工和管理质量。随着国家提高对装配式建筑和智慧管理的要求，通过多学科发展，开展多技术集成应用成为智能建造领域重点研究方向，在智慧梁场发展方向上，通过将人工智能、区块链等技术结合梁场规划、设计、建造和维护的全生命周期，将推动我国梁场建设进一步向安全、长寿、绿色、高效、智能的可持续方向发展。

7.3 智慧墩场建造系统

7.3.1 系统概述

随着近几年大吨位、大体积墩柱和墩帽预制技术在国内的不断成熟，专业化的预制墩场也越来越多应用在铁路建设工程中。与此同时，为贯彻"中国制造2025"行动纲领，墩场智能化、数字化需求迫在眉睫。智慧墩场针对传统墩场而言，智慧墩场采用智能化设备代替传统人工操作，在生产过程采用数控机械加工等施工工艺和施工方法，全面提升制墩场安全、质量、效率。

智慧墩场建造系统是以BIM为基础，搭建完整数字孪生模型，利用"BIM+物联网"技术，建设数字化预制场，利用信息化前沿技术，智能采集生产数据，以"身份管理+数据驱动"的理念，打造数字化预制场，实现现实预制场与虚拟预制场的相互映射，为管理者提供预制生产的实时数据，辅助管理决策。系统打造一体化协同工作的"中央控制室"，利用物联网/App等多手段方式采集生产数据，并将数据结合实际需要深度融合，打通预制阶段多系统、多场景的信息孤岛，建立一体化协同工作的"中央控制室"。系统结合传感器技术、AI技术、大数据分析及网络技术等，将生产信息、管理数据等各方信息汇总至统一管理平台，能够全面感知墩场生产、安全、人员等各方面信息，实现墩场生产的统筹管理、智慧管理。

1. 系统框架结构

智慧墩场建造系统框架设计既要考虑预制墩场的规模、结构形式、功能定位、管理方式的多样性，还要考虑新技术、新算法的迭代升级，因此，智慧墩场总体框架应具有开放性和可扩展性。应用"互联网+"的思路，面向工程实际，围绕人、机、料、法、环等关键要素，以数字工程为抓手，依托智能建造技术手段，紧密围绕"1+1+N"模式，即一个数据指挥中心，一个平台，N个系统，建立项目信息化管理、数字化协同和智能化应用的协同架构和信息共享体系。提出划分为智慧建造、智慧管理、数字管控、智慧决策四个方面，如图7-46所示。

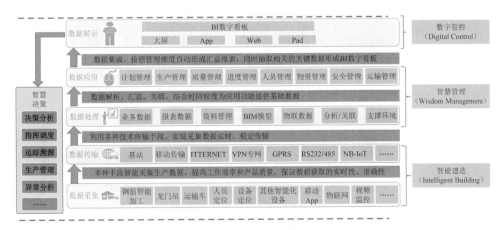

图7-46 智慧墩场建造系统框架设计图

1）智慧建造

智慧墩场建造系统的智慧建造层面主要涉及数据采集与数据传输，是系统基础部分，为数据处理、数据应用提供基础数据支撑。在数据采集阶段主要利用传感器、视频监控、物联网等多种手段，采集钢筋智能加工、龙门式起重机、运输车等生产数据，提高墩场工作效率和产品质量，保障数据获取的实时性、准确性、及时性。数据传输主要通过基站、移动传输、VPN 专网、GPRS 等多种技术传输手段，实现数据的稳定和实时传输。

2）智慧管理

智慧墩场建造系统的智慧管理层面主要涉及数据处理与数据应用，是系统的应用部分，是数据数字管控与智慧决策的基础。数据处理将传输的业务数据、报表数据、BIM 模型数据、物联数据等数据进行解析、汇总、关联，结合实践粒度为应用功能提供基础数据。数据应用主要是将数据处理结果应用于墩场的计划管理、生产管理、质量管理、进度管理、人员管理、物资管理等管理当中，实现数据价值。

3）数字管控

智慧墩场建造系统的数字管控层面主要涉及数据展示，通过 BI 数字看板、系统大屏、App、Web 端、Pad 端将数据应用效果进行可视化呈现，实现对生产状态的监控和生产任务的下发、执行与反馈，提高墩场生产效率。

4）智慧决策

智慧墩场建造系统的智慧决策层面主要是墩场管理人员依据数字管控显示的墩场管理数据，基于数据驱动的可视化分析决策平台，集成管理数据和生产数据，分析数据关联性，辅助生产决策，进行生产指挥调度，完成墩场产品追踪溯源，提升生产过程能效和资源利用价值，保障墩场产品质量。

2. 系统构建总体思路

智慧墩场建造系统以结合自动化、数字化、网络化、智能化等技术手段，以生产工序流程为主线，实现预制构件的全过程信息化管理为总体思路，如图 7-47 所示。通过 BIM、物联网、信息化等技术，将预制构件生产过程中所产生的数据进行收集、传递、分析、处理，实现预制构件的全流程生命周期管理；利用前端智能物联网感知设备等"先进技术"为数据采集端，以预制构件流水生产线智能生产排程为核心，以生产工序流为抓手，以 BIM 模型为数据载体，以生产数据集中展示、分析辅助领导决策为目标，最终实现装配式预制构件生产过程管理信息化和可视化、经验数据有形化。

图 7-47　智慧墩场建造系统总体思路图

3. 系统特点

1）信息化和工业化高度融合的新技术运用

新技术在墩场生产过程中的运用可带来生产工艺和管理方式的升级，是墩场智能化的基础。生产工艺升级以智能设备运用为核心，包括智能钢筋加工、智能混凝土生产、智能养护等。管理方式升级以智慧工地为核心，如射频识别（RFID）技术、图像分析技术等在人员定位、人员行为分析上的运用。

2）统一数据标准的各阶段数据感知和流通

不同设备在墩场生产各工序阶段会产生大量数据，如需提升数据可用性，则必须构建一套完整的数据标准体系来实现不同工序阶段数据交互和反馈。

3）数据的生产过程持续优化和辅助决策

墩场智能化的核心体现是数据驱动生产优化，通过数据集成、信息提取、价值挖掘，为梁场生产过程管理决策提供支撑。

4. 重难点问题

智慧墩场建造系统主要是为解决信息化与智能化程度较低，计划排产困难、难以实现资源有效配置，传统通信方式、生产缓慢三个难点问题，智慧墩场建造系统核心技术流程如图 7-48 所示。

1）信息化与智能化程度较低

墩场具备一定的自动化生产基础，但施工生产主要依赖人工作业，缺乏新型装备、物联网设备的深度应用。同时，钢筋加工设备、搅拌站等设备数据存在信息孤岛，数据无法二次利用。龙门式起重机等特种设备缺乏有效监管，安全风险高。

2）计划排产困难，难以实现资源有效配置

墩帽、墩柱的生产计划、资源配置复杂，安装计划与预制计划没有快速有效协同，无法通过安装计划实时指导计划排产。同时在生产计划排布过程中，难以快速依据预制任务合理进行资源配置，生产进度状态无法实时掌握，异常信息没有快速反馈机制。

3）传统通信方式，生产缓慢

墩场内制运架过程主要为分别作业，通过传统的通信方式进行沟通，缺乏有效协同机制，存在严重的等待、停滞现象。

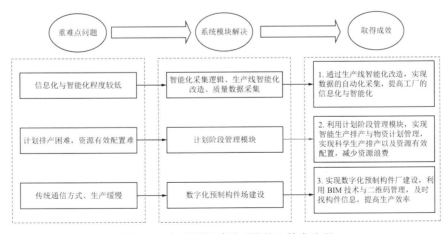

图 7-48　智慧墩场建造系统核心技术流程

7.3.2　系统模块介绍

1. 计划阶段管理模块

1）预制计划排产

预制计划排产是综合来自物料、产能、工序流程、资金、管理体制、员工行为等多方因素对生产的影响，经过优化得出合理有效的生产计划。智慧墩场建造系统以交货期先后、产能平衡、工艺流程等作为预制计划排产原则，结合实际项目建设状况，进行计划排产。

（1）安装计划维护

在智慧墩场建造系统内预设构件清单，根据规则维护预制构件等基本信息，并根据实际安装先后顺序，维护构件的安装计划。在排布构件任务时，根据安装的先后顺序动态生成预制任务，由相关人员确认后发布每周生产计划，减少计划发布不合理的情况发生，如图 7-49 所示。

图 7-49　安装计划维护

（2）智能生产排程

在开工生产前，在智慧墩场建造系统内排布预制年计划、月计划，系统根据安装计划先后顺序及每周计划生产数量自动生成构件的本周生产计划，并结合台座占用情况自动推荐生产台座，管理人员也可根据实际情况进行调整。在系统内预设工序模板，维护生产工序以及对应的生产时间、工序负责人等信息。在周计划发布后，自动将计划生产的构件按工序步骤生成相应的计划开工时间、计划生产时长等工序任务信息。任务启动后，系统自动按照生产工序推送生产任务，对应的生产负责人根据任务进度进行生产，如图 7-50 所示。

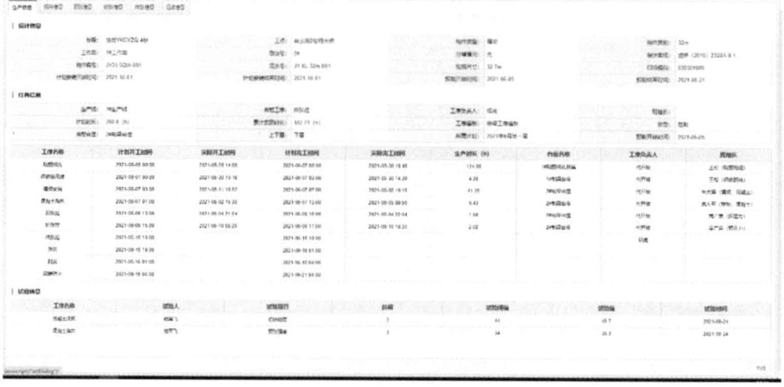

图 7-50　智能生产排程

2）物资计划管理

在智慧墩场建造系统内定义各种类型构件生产所需消耗的预埋件、钢筋等物资材料数量。在编制月度生产计划后，系统自动生成物资需求月度计划。同时，结合当前库存数量、采购周期、安全阈值等，实现物资月度计划自动预警。通过系统快速准确地计算物资需求计划，减少了项目人员每月材料计划编制技术的工作时间，同时也降低了因物资不足导致的生产延误现象。当计划任务启动时，系统自动推送物资清单到相应责任人。库管员结合物资需求及生产实际情况，按需发放物资，实现物资的计划性管控，降低不必要的物资损耗。

2. 生产阶段管理

1）生产数据采集

（1）智能化采集逻辑

将模具与 RFID 芯片绑定，关键工位安装读卡器，当模具行进到相关工序位置处时，读卡器自动读取相关模具的信息，系统内自动记录每个模具每道工序的生产时间信息如浇筑时间、蒸养时长等。当模具到达脱模位置时，系统自动打印构件二维码，由工人粘贴在对应位置处，可扫码查看构件生产详情，如图 7-51 所示。

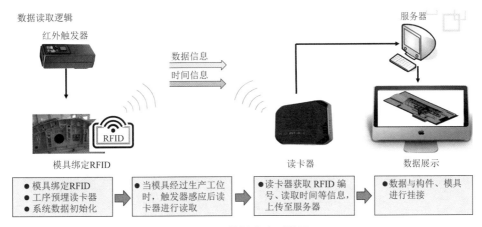

图 7-51 数据读取逻辑图

（2）生产线智能化改造

结合墩场生产线布局，确定需要智能化采集的关键工位，如模具清理、自动喷涂、混凝土浇筑、蒸养、脱模等工位（可根据实际需求进行选择）。在工位处安装 RFID 读卡器和光电传感器，通过物联网＋App 的方式采集生产数据，如图 7-52 所示。

图 7-52 墩柱底模安装芯片示意图

利用 RFID 读卡器自动采集翻转工位、吊运至浇筑台座等生产工序开始及结束时间数据；技术人员 App 将生产任务与模具编号绑定，在生产过程中采集钢筋笼绑扎工序、浇筑工序等相关生产时间、施工人员等信息；系统与搅拌站数据对接，采集每个构件混凝土配合比等信息；与智能振捣设备对接采集振捣数据；与液压模板进行对接，自动采集模板脱模时间，并根据钢筋绑扎选择的钢模板编号进行匹配。当构件脱模完毕后，由龙门式起重机吊运至堆场，由技术主管通过 App 在系统内录入构件存放位置，系统自动将在制状态转变为成品状态，可以进行出库操作。当构件出库时，系统支持扫码出库/手动选择出库等方式。通过以上措施对生产线进行智能化改造，将系统采集数据与其他相关系统数据对接，形成数据联动集成，切实有效降低人员数据统计的痛难点，同时自动生成追溯台账，为墩场产品追溯提供依据。

2）质量数据采集

过程质量检验方面，智慧墩场建造系统将传统的线下质量管理转变为线上的质量管理。在系统内部设定质量验收流程与质量验收标准，在工序完结交接并提交系统检验合格后，系统才能自动生成下道工序的生产任务，如图 7-53 所示。并且系统内可以手机随时调阅，实现对施工人员的业务知识进行培训，提高业务水平，减少查阅资料的工作量。在预制桥墩的工序验收时，需要采集验收影像资料。传统的方式是通过手机、相机拍照留存，容易丢失且不易整理。通过信息化的方式，当交付验收时，通过手机 App 调用摄像头拍摄验收影像资料，并自动挂接预制构件，实现对施工关键性资料的线上留存，防止资料丢失。试验管理方面，智慧墩场建造系统内预设混凝土试验流程，如系统设定混凝土试验龄期，条件触发后自动生成试验任务，通过 App 采集试验数据后与构件绑定，支持上传试验报告。蒸养温湿度方面，智慧墩场建造系统根据自动采集的蒸养温湿度信息，自动生成温湿度变化曲线，如图 7-54 所示。在构件报废/报修方面，智慧墩场建造系统内设定构件报废/报修流程，当构件不满足出库条件时，需要在系统内进行报废/报修处理。

图 7-53　工序完工交接

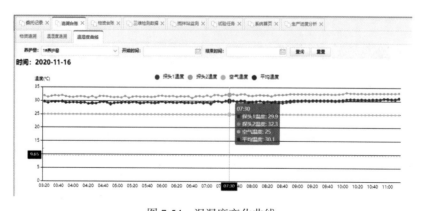

图 7-54　温湿度变化曲线

3. 数字化预制场建设

1）二维码管理

构件脱模后，系统自动生成构件二维码，可通过打印机一键打印防水防紫外线的二维码，粘贴于构件对应位置处，预先自定义二维码展示字段详情，施工人员可使用 App 扫描查看构件生产信息。当预制构件出场时，相关人员也可扫描二维码进行信息核对。

2）数字化预制场建设

建立与现实构件厂一致的三维数字化预制构件厂，如图 7-55 所示，通过物联网手段采集的生产数据驱动 BIM 模型的实时运动，点击构件、设备、模具均可查看详情。同时将视频监控数据与 BIM 模型集成，可在模型上点击摄像头查看相应的监控视频，实现现实与虚拟的快速结合，便于管理人员快速掌握生产实况。系统集成多维度动态分析报表（图 7-56），显示进度完成情况、施工台账、节拍分析、产能分析、工序对比分析、搅拌配比情况、三维检测报表、蒸养情况等，实现对现场生产数据的可视化查看，辅助生产决策。同时，在厂区安装视频监控，与现场智能化设备对接并采集设备数据，形成 BI 展示看板，如图 7-57 所示。

图 7-55　三维数字化预制构件厂

生产编号	构件编号	构件类型	模具编号	标段	计量单位	空模回转		模具清理		自动喷涂		套管安装	
						日期	时间	日期	时间	日期	时间	日期	时间
FX8B-20201017-000006	FX8B-01-20201017-M186-02	双块式轨枕	M186	新建福厦铁路FX-9标	根	2020-10-17	15:40-15:48	2020-10-17	15:46-15:52	2020-10-17	15:52-16:01	2020-10-17	16:01-16:05
FX8B-20201017-000016	FX8B-01-20201017-M181-04	双块式轨枕	M181	新建福厦铁路FX-9标	根	2020-10-17	17:10-17:15	2020-10-17	17:15-17:12	2020-10-17	17:12-17:23	2020-10-17	17:23-17:25
FX8B-20201017-000009	FX8B-01-20201017-M126-01	双块式轨枕	M126	新建福厦铁路FX-9标	根	2020-10-17	16:28-16:34	2020-10-17	16:34-16:40	2020-10-17	16:40-16:50	2020-10-17	16:50-16:54
FX8B-20201017-000015	FX8B-01-20201017-M181-03	双块式轨枕	M181	新建福厦铁路FX-9标	根	2020-10-17	17:10-17:15	2020-10-17	17:15-17:12	2020-10-17	17:12-17:23	2020-10-17	17:23-17:25
FX8B-20201018-000002	FX8B-01-20201018-M037-02	双块式轨枕	M037	新建福厦铁路FX-9标	根	2020-10-18	08:00-08:07	2020-10-18	08:07-08:17	2020-10-18	08:17-08:20	2020-10-18	08:20-08:26
FX8B-20201017-000012	FX8B-01-20201017-M126-04	双块式轨枕	M126	新建福厦铁路FX-9标	根	2020-10-17	16:28-16:34	2020-10-17	16:34-16:40	2020-10-17	16:40-16:50	2020-10-17	16:50-16:54
FX8B-20201017-000007	FX8B-01-20201017-M186-03	双块式轨枕	M186	新建福厦铁路FX-9标	根	2020-10-17	15:40-15:46	2020-10-17	15:46-15:52	2020-10-17	15:52-16:01	2020-10-17	16:01-16:05
FX8B-20201017-000014	FX8B-01-20201017-M181-02	双块式轨枕	M181	新建福厦铁路FX-9标	根	2020-10-17	17:10-17:15	2020-10-17	17:15-17:12	2020-10-17	17:12-17:23	2020-10-17	17:23-17:25
FX8B-20201017-000011	FX8B-01-20201017-M126-03	双块式轨枕	M126	新建福厦铁路FX-9标	根	2020-10-17	16:28-16:34	2020-10-17	16:34-16:40	2020-10-17	16:40-16:50	2020-10-17	16:50-16:54
FX8B-20201018-000004	FX8B-01-20201018-M037-04	双块式轨枕	M037	新建福厦铁路FX-9标	根	2020-10-18	08:00-08:07	2020-10-18	08:07-08:17	2020-10-18	08:17-08:20	2020-10-18	08:20-08:26
FX8B-20201017-000004	FX8B-01-20201017-M106-04	双块式轨枕	M106	新建福厦铁路FX-9标	根	2020-10-17	15:06-15:12	2020-10-17	15:12-15:19	2020-10-17	15:19-15:23	2020-10-17	15:23-15:26
FX8B-20201017-000008	FX8B-01-20201017-M186-04	双块式轨枕	M186	新建福厦铁路FX-9标	根	2020-10-17	15:40-15:46	2020-10-17	15:46-15:52	2020-10-17	15:52-16:01	2020-10-17	16:01-16:05
FX8B-20201017-000003	FX8B-01-20201017-M106-03	双块式轨枕	M106	新建福厦铁路FX-9标	根	2020-10-17	15:06-15:12	2020-10-17	15:12-15:19	2020-10-17	15:19-15:23	2020-10-17	15:23-15:26
FX8B-20201017-000002	FX8B-01-20201017-M106-02	双块式轨枕	M106	新建福厦铁路FX-9标	根	2020-10-17	15:06-15:12	2020-10-17	15:12-15:19	2020-10-17	15:19-15:23	2020-10-17	15:23-15:26
FX8B-20201018-000001	FX8B-01-20201018-M037-01	双块式轨枕	M037	新建福厦铁路FX-9标	根	2020-10-18	08:00-08:07	2020-10-18	08:07-08:17	2020-10-18	08:17-08:20	2020-10-18	08:20-08:26
FX8B-20201017-000013	FX8B-01-20201017-M181-01	双块式轨枕	M181	新建福厦铁路FX-9标	根	2020-10-17	17:10-17:15	2020-10-17	17:15-17:12	2020-10-17	17:12-17:23	2020-10-17	17:23-17:25
FX8B-20201017-000001	FX8B-01-20201017-M106-01	双块式轨枕	M106	新建福厦铁路FX-9标	根	2020-10-17	15:06-15:12	2020-10-17	15:12-15:19	2020-10-17	15:19-15:23	2020-10-17	15:23-15:26
FX8B-20201017-000010	FX8B-01-20201017-M126-02	双块式轨枕	M126	新建福厦铁路FX-9标	根	2020-10-17	16:28-16:34	2020-10-17	16:34-16:40	2020-10-17	16:40-16:50	2020-10-17	16:50-16:54
FX8B-20201017-000005	FX8B-01-20201017-M186-01	双块式轨枕	M186	新建福厦铁路FX-9标	根	2020-10-17	15:40-15:48	2020-10-17	15:46-15:52	2020-10-17	15:52-16:01	2020-10-17	16:01-16:05

图 7-56　多维度动态分析报表

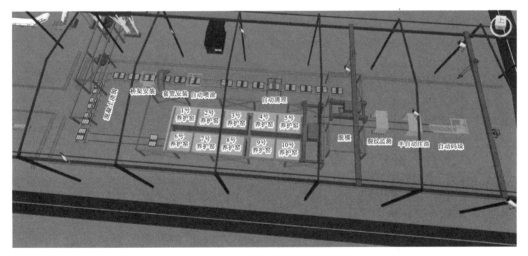

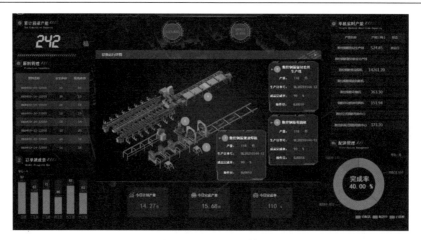

图 7-57　BI 展示看板

建立桥梁 BIM 模型，通过运输车的运行及构件运输信息，自动判断预制构件的安装进度，完成安装实体显示，未安装的构件灰色显示，安装进度延迟红色显示，通过颜色区分显示直观展示构件的安装情况。同时，系统自动校验架设进度与预制进度，当预制进度无法满足生产周期时，提前预警，如图 7-58 所示。

图 7-58　桥梁 BIM 模型展示构件的安装情况

7.3.3　系统作用

针对预制墩场数字化、网络化和智能化转型需求，提出智慧墩场智慧建造系统总体框架，通过生产线的智能化改造，充分运用 BIM、GIS、物联网、人工智能和云计算等先进信息技术，实现对生产要素的全方位信息化监测、对生产工艺的全过程智能化管控以及对生产数据的全周期深度价值挖掘。

智慧墩场智慧建造系统的应用可以提高传统的工作方式，建立起装配式预制构件场生产管理新观念，改进安全、质量、进度、环保等多方面管理模式。搭建以数据标准模块为基础，数据交换模块为枢纽，安全运维及新型技术为支撑的智慧墩场建造集成系统。实现了重点施工工序、设施设备配置标准化，为创建品质工程打下基础；进行生产线自动化改造，实现了设备数据采集自动化，提高了墩场生产效率；实现了过程监测预警化，对设备、物料、试验进行自动检测，提高产品质量；实现管理决策智慧化，对生产过程进行全过程管控，推进质量可控，数据可溯；构建大数据，对生产管理信息进行挖掘、分析，为管理决策提供依据。通过以上方面，系统实现了对墩场生产经营的全面管理、分析决策实时支持、安全管理细致落实，落实墩场生产管理的信息化创建及数智化转型。智慧墩场建造系统的应用实现了墩场信息集成和业务协同，有效提升了管理水平，提高了生产效率，优化了资源配置，为打造高新智慧建造基地提供了有力支撑。以数字化、网络化和智能化为标志的新一代信息技术，正在与各行各业深度融合，催生新一轮产业革命，智慧墩场建造系统为我国桥梁工程智能信息技术应用提供了有效参考。

7.4 检验批数智化管理系统

7.4.1 系统概述

在铁路建设过程中，把分项工程划分为检验批进行验收，能较好地控制各工序的质量。检验批是工程施工质量验收的基本单元，是分项工程、分部工程和单位工程施工质量验收的基础。分项工程、分部工程和单位工程施工质量的验收是在检验批质量验收合格的基础上进行的。目前施工企业在检验批的质量验收中无论是数据的采集还是质量评定均存在人为干扰，甚至质量数据虚假，质量评定流于形式。因此，构建一套具有实用性，兼顾数字化、智能化的检验批管理系统，实现了铁路检验批的自动化生成，对于铁路工程施工质量检验来说至关重要。

1. 系统框架结构

检验批数智化管理系统框架结构设计，需要满足建立检验批列表、检验批信息精准采集、检验批多源异构数据融合、检验批所涉各类台账、试验报告的自动识别和汇总的需求。基于现阶段检验批数智化系统设计的典型案例，提出划分为基础层、支撑层、应用层、展现层、接入层五个方面的检验批数智化系统框架结构，如图 7-59 所示。

图 7-59 检验批数智化管理系统框架结构

1）基础层：通过接入网络系统、存储设备、安全设备等，通过收集设备数据，施工人员填入数据为系统构建奠定基础。

2）支撑层：主要通过项目内身份认证、工作流、电子表单、基础数据库、身份认证、公司服务平台等进行大量的数据整合，为系统应用提供数据支撑。

3）应用层：主要以检验批数智化管理平台为主线，包括组织机构、用户管理、台账管理、报告管理、操作记录、基础数据等相关模块。

4）展现层：系统通过铁路建设工程检验批数智化系统网站对外展现应用层成果，管理人员、施工人员可以从系统网站上直接查询相关检验批数据。

5）接入层：主要接入的是来自项目一线基层管理和技术人员的项目信息。

2. 系统设计总则

1）总体目标

检验批数智化管理系统将相关信息的抓取整合，自动生成检验批相关材料，减少人工录入信息时带来的误差，避免二次填报；物料采购与消耗分析可视化、精准化；文档存储便利，减轻施工单位基层人员负担，提高项目管理能力作为总体目标。

2）设计原则

检验批数智化管理系统以从管理视角进行功能设定，从业务操作视角，进行功能调整作为构建思路，坚持统一设计、适用性、易用性、可靠性、安全性、标准化、可拓展性作为设计原则。

（1）统一设计原则。统筹规划和统一设计系统结构。尤其是应用系统建设结构、数据模型结构、数据存储结构以及系统扩展规划等内容，均需从全局出发、从长远的角度考虑。

（2）适用性原则。在系统设计时，要考虑到在实现系统相关功能的前提下，尽量降低系统的建设和运行成本。另外，本系统应是一个不断提高完善的系统，系统要能够进行不断的发展，同时能最大限度地适应未来业务发展的需要。

（3）易用性原则。本系统使用人员范围广，使用人员的计算机水平层次不一，有的基层单位计算机使用水平较低，很多地方缺少计算机专业人员，系统应尽可能地操作简便，维护简单。

（4）可靠性原则。系统设计和数据架构设计中充分考虑系统的安全和可靠。由于操作失误出现的故障，重新使用时，系统应有自举功能，一时的设备故障，系统应可进行恢复，不破坏数据的一致性和完整性。

（5）安全性原则。系统的用户根据业务的需要，具有不同的安全级别及操作权限，系统要充分发挥操作系统、数据库、应用软件三项安全保障措施，以保证数据的安全性。系统内部重要业务操作均留有痕迹。

（6）标准化原则。系统各项技术遵循国际标准、国家标准、行业标准和相关规范。

（7）可拓展性原则。系统设计要考虑到业务未来发展的需要，在系统最初设计时就要考虑到，具有基本技术水平的系统维护人员可以在一定程度上对系统进行较复杂的维护及一般性扩充。

3. 重难点问题

检验批数智化管理系统主要是为解决检验批验收记录填写不规范、检验批质量验收周期长且数据庞大、检验批质量验收信息分散且易出错三个难点问题，检验批数智化管理系统核心技术流程如图 7-60 所示。

1）检验批验收记录填写不规范

首先，单位检验人员对检验批质量验收记录表内栏目并不理解，把质量验收标准当作施工执行标准填写。其次，检验批验收是一个时效性非常强的工作，一旦验收不及时，现场需实测的项目就可能被隐蔽，到验收时不可避免地导致数据编造。从而致使检验批数据收集不真实、不准确。

2）检验批质量验收周期长且数据庞大

检验批的信息收集是伴随着工程项目的整个生命周期，管理周期覆盖整个工程周期。由于检验批时间战线较长，并且检验批是工程质量验收的基本单元，需要从原材料到现场制作构件，一个项目工程的验收单元是一个庞大的数字，使得检验批数据收集量十分庞大。

3）检验批质量验收信息分散且易出错

检验批相关信息的管理来源于供应商、物资、试验室、第三方检测，现场施工在项目最后阶段集中进行检验批的信息追溯和资料整理，往往由于资料的分散和丢失等最终导致检验批中出现错误和真实不相符的情况。

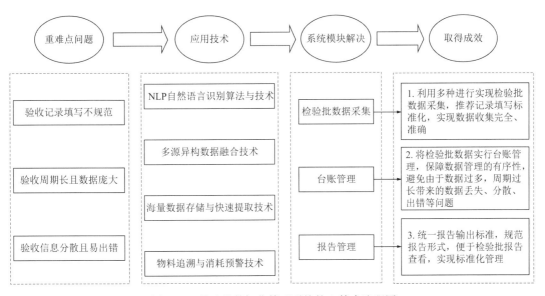

图 7-60　检验批数智化管理系统核心技术流程图

7.4.2　系统技术基础

1. NLP 自然语言识别算法与技术

自然语言处理（NLP）是利用电脑来处理自然语言中的形、音、义等信息，即输入、输出、识别、分析、理解、生成等信息。如何在人工智能、计算机、语言等领域实现信息交互是一个十分重要的课题。它包括机器翻译、文本摘要、文本分类、文本校对、信息抽取、语音合成、语音识别等。NLP 是指让机器去了解自然语言，NLP 的实现过程包含两个过程，即自然语言理解和自然语言产生。自然语言理解是指计算机可以对自然语言文字的含义进行理解，而自然语言产生就是通过自然语言文字来传达特定的意思。通过 NLP 技术可以将项目部日常工作台账信息转化成电子数据存入数据库，便于形成检验批资料时，系统对相关信息的抓取。

2. 多源异构数据融合技术

多源数据融合技术是指通过对调查和分析获得的各种信息进行整合和评估，最终形成一个统一的信息。这个技术的目标就是通过对数据的综合，吸收数据的特性，从而得到更好的、更丰富的数据。运用到系统当中就是将项目上五部两室的台账信息整合形成检验批资料。将项目建设过程中的影像资料、文字资料、电子资料等相关资料进行整理、融合，将项目实施过程中各部门的工作台账数据分析、整合，形成需要的相关检验批表格及系统预计实现的其他功能。

3. 海量数据存储与快速提取技术

随着人类信息化的发展，人类探索的范围和空间也在不断扩大，人们对海量信息的传输、处理和存储能力的要求与日俱增，尤其是信息存储容量的需求与日俱增。海量数据存储是利用全息存储、专用软件、专用芯片或程序处理程序对海量海洋数据进行压缩存储的一种技术。目前信息技术的发展使得大量项目资料可以在实现数字化存储的同时，运用快速提取技术，在数据库中抓取检验批相关数据，实现系统功能。

4. 物料追溯与消耗预警技术

检验批质量验收表格中所包含的相关物资设备试验报告、合格证、所需要的相关物资量等信息，在从数据库中提取的时候就对应了项目上各科室上传的台账信息。在检验批资料输出的同时，系统会将相关的物料数据进行刷新。在物料短缺时，系统会自动识别，显示无法输出检验批资料的信息。操作人员在看到这个信息时，可以在系统里面查到物资消耗情况，及时进行物资补充和相关台账资料的更新。同时，在发现工程建设中某一施工部位质量出现问题时，可以在系统中根据检验批数据中相关检查项目对应的检查评定记录或试验报告等资料，查询到发生质量问题的施工用料等相关资料。

7.4.3 系统工作流程

1. 业务流程分析

1）检验批资料形成流程

通过铁路建设工程检验批数智化管理系统，能够准确、迅速地生成检验批资料是系统的主要业务。首先，在数据库中根据公司主要项目及在系统中建立的单位工程、检验批工程的相关字典表，并预设相关的工作台账录入模板（设定相关参数字典）、检验批表格信息数据表以及检验批相关资料（检验批质量验收记录表和工程报验记录表）模板等。在工程进行的过程中，项目部各部门在日常工作中，涉及相关项目就将工作内容按照台账模板进行填写录入。在这个操作进行的同时，系统会自动将自动用户的操作记录下来，同时将上传的台账信息存入对应的项目数据库中。在一个检验批工程结束后，项目质检员可以通过系统直接抓取相应的检验批信息，形成检验批表格，在相关技术人员检查合格并签字后，再将纸质版完整检验批资料扫描上传系统，完成该检验批工程在系统中的业务，检验批资料形成流程如图7-61所示。

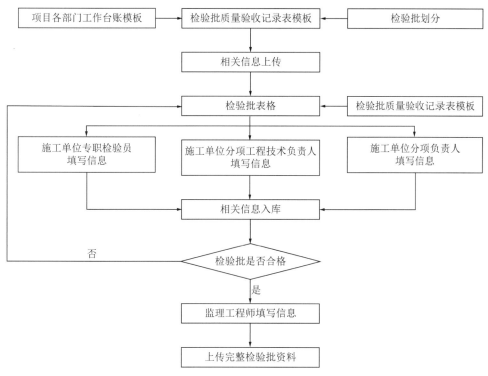

图7-61 检验批资料形成流程图

2）施工物料追溯流程

检验批数智化管理系统通过形成检验批数据资料时避免人工参与来提高检验批资料的准确性，但是工作台账的输入还是由人工进行录入的，所以即使是通过系统生成检验批资料，还是会出现问题。如果在质量检查过程中，工程建设中某一施工部位质量出现问题，会有检查项目对应的检查评定记录或试验报告、发生质量问题的施工用料相关资料的需求。

台账信息在录入系统数据库后，通过系统预设相关逻辑联系形成检验批资料，同时将数据库中相关信息进行更新。因此，在系统中可以根据检验批资料的关联信息查询到需要的检查评定记录或试验报告、施工用料等相关资料。同时台账信息出现问题之后，也可以通过更新台账信息重新生成正确的检验批信息。当发生问题的施工部位含有对应的材料试验报告信息，查询到同一批次材料在建设工程中的使用部位信息。同时，根据试验人员、项目、日期、产地、厂名等数据，对问题进行分析，并落实相应责任。

在工程进行的过程中，项目部各部门相关人员将工作内容按照台账模板进行填写并录入系统，这些操作会被系统自动记录下来，形成操作记录。系统记录上传、修改、导出资料等操作台账的活动，形成表格，支持批量导出，实现对信息责任进行追溯，检验批物料追溯模型如图7-62所示。

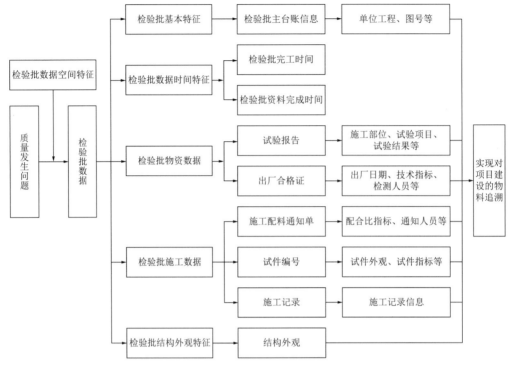

图 7-62　检验批物料追溯模型图

3）工程进度展现流程

检验批数智化管理系统根据检验批工程的创建，按照检验批资料完善流程结束作为相应检验批工程的完成节点。设定饼状图同时显示相应建设项目检验批信息输出百分比和具体数量（一个墩所有检验批报告生成算一条已完成数据），柱状图显示最近 7 日的日完成量，实现对工程进度的展示。

2. 数据流程分析

1）系统顶层数据流

检验批数智化管理系统的输入是用户项目信息查询条件和系统管理员输入的项目基本信息，系统的输出是显示用户查询的相关信息和返回给系统管理员的项目工作信息，如图 7-63 所示。

图 7-63　系统顶层数据流程图

2）系统一层数据流

顶层数据流程图中"处理"部分进行分解，检验批数智化管理系统可分为机构管理、项目管理、台账管理、报告管理四个部分。公司管理人员输入机构基本信息与项目基本信息，项目专员输入工作台账以及检验批资料；四个部分资料输入后，反馈出机构信息表、项目信息表、工作台账、项目检验批资料；用户可以获取五个部分对应的信息以及结果实现管理，系统第一层数据流程如图 7-64 所示。

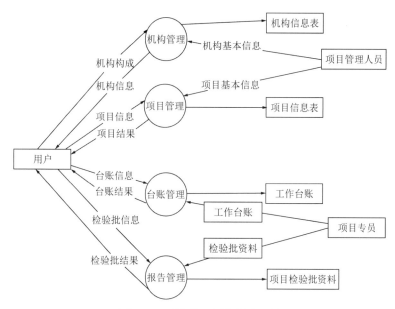

图 7-64　系统第一层数据流程图

3）系统第二层数据流

将系统第一层各模块功能进行进一步分析展开，可得到第二层数据流程图。机构管理的数据处理框分解展开为机构更改模块、机构查询模块。公司后台的系统操作人员根据公司业务所涉及的相关组织机构，将其相关信息输入机构管理流程模块，以便后续相关项目信息关联，机构相关信息会存储到组织信息表中，机构管理二层数据流程如图 7-65 所示。

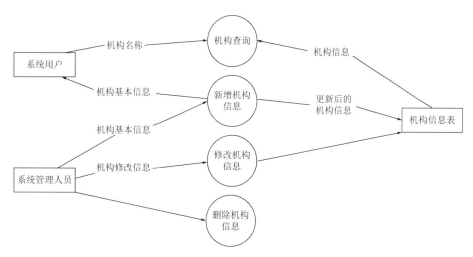

图 7-65　机构管理二层数据流程图

4）项目管理的数据处理框分解展开为项目更改模块、项目查询模块、单位工程更改模块、单位工程查询模块。公司后台的系统操作人员和项目相关操作人员根据公司相关业务和项目涉及单位工程，将其相关信息输入项目管理流程模块，以便后续相关检验批信息关联，相关信息会存储到项目信息表中，项目管理二层数据流程如图 7-66 所示。

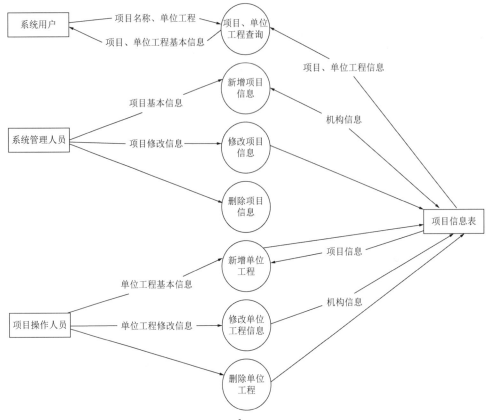

图 7-66　项目管理二层数据流程图

5）台账管理的数据处理框分解展开为台账更改模块、台账查询模块。项目相关操作人员根据项目工作的台账信息，将其相关信息输入台账管理流程模块，以便后续相关检验批信息关联，相关信息会存储到工作台账中，台账管理二层数据流程如图 7-67 所示。

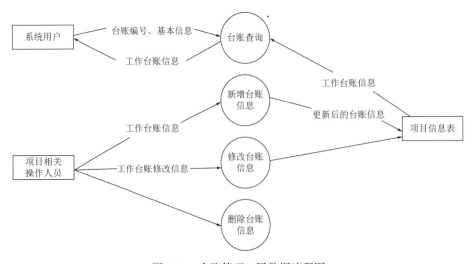

图 7-67　台账管理二层数据流程图

6）报告管理的数据处理框分解展开为报告更改模块、报告查询导出模块。项目相关操作人员根据项目信息、单位工程关联的检验批信息，将检验批工程资料相关信息在报告管理模块中进行操作，并将相关信息存储到检验批资料数据库中，报告管理二层数据流程如图 7-68 所示。

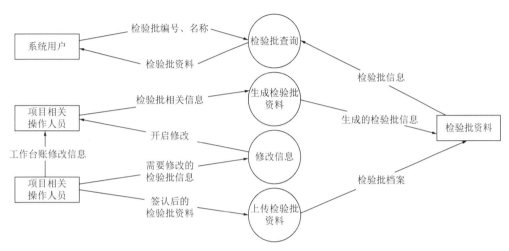

图 7-68　报告管理二层数据流程图

7.4.4　系统模块介绍

检验批数智化管理系统通过联立工程、物资、试验等部门的工作，为各部门的资料管控、上传及保存提供了一体化联立系统，通过系统对各部门数据的采集最终实现检验批的自动生成。系统主要包括 PC 电脑端、移动应用 App，PC 电脑端完成公告通知、台账管理、进度管理、报告管理等，App 完成检验数据实时录入；核心功能开发包含台账导出、导入，各分部分项工程检验批的自动生成及导出。检验批数智化管理系统主要分为列表管理模块、原材料检测管理模块、试验管理模块。

1. 检验批数据采集

1）检验批模板导入

检验批数智化管理系统内设定盖梁及墩柱检验批导入模板，如图 7-69 所示，由技术人员按照模板录入后直接导入，导入后系统自动与构件进行关联，支持导入、导出、编辑及查看操作。

2）利用 App 或电脑端录入

检验批数智化管理系统内开发检验批采集模块，预先根据实际检验批表格，并按照工序分为钢筋（连接及安装）、钢筋（原材料及加工）、混凝土（拌合及浇筑）、混凝土（结构尺寸偏差和外观质量）、混凝土（养护、拆模及质量检测）等，系统内初始化每个表格的字段，在 App 中分别填写相关检查评定记录，分为新增、编辑、清空、引用四种操作，采集检验批数据（图 7-70）。

3）铁路工程管理平台导出 PDF 后导入系统

检验批数智化管理系统内根据检验批表格样式，制作电子版检验批表格。工程部在铁路工程管理平台中将 PDF 版本的检验批导出，在系统内导入，系统通过 OCR 识别自动获取相关数据并与系统内检验批表格模板进行匹配后填充数据，形成检验批。

在以上三种方式采集检验批相关数据后，检验批数智化管理系统后台按照实际检验批表格样式自动生成检验批，并与构件绑定。

图 7-69　检验批导入模板

图 7-70　App 检验批数据导入界面

2. 台账管理

1）台账导入

台账管理模块根据工程项目工程类型划分成相应模块（图 7-71），台账管理包含原材料检测台账以及试验台账。原材料检测台账包含钢筋原材台账、粉煤灰台账、细骨料台账、水泥台账、减水剂台账和粗骨料台账。系统通过各类原材料检测报告的导入和系统识别，自动建立原材料台账，并导入至系统主台账内。试验台账包括钢筋焊接试验模块、垫块试验模块、拌合物试验模块、试块试验模块、配合比试验模块、抗压试验模块等。系统通过试验报告的导入和系统识别，自动建立试验台账，通过试验报告中的取样部位、自动将检测结果写入相关部位的检验记录表，如图 7-71 所示。

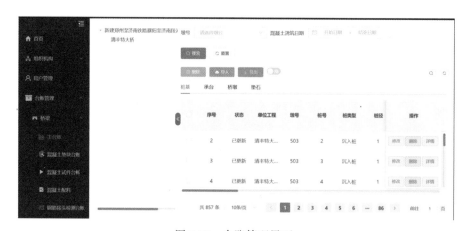

图 7-71　台账管理界面

检验批数智化管理系统预设桥梁、路基、涵洞、隧道四个部分，每个部分在相应部分系统会预设相应的工作台账，工作台账在导入时有选择导入的单位工程选项，其单位工程与组织机构模块的单位工程相关联。例如，桥梁一栏中预设有主台账、混凝土垫块台账、混凝土配料台账、钢筋接头检测台账和钢筋原材料检测台账五个台账模块，对应相应的项目管理部门的日常工作台账。主台账设有桩基、承台、桥墩和垫石四种台账，分别对应相应分部工程预设的台账类型。项目操作人员根据系统设置好的相应台账输入模板，将相应信息上传系统。操作人员可以对权限范围内的台账信息进行导入、导出、删除、修改等操作，在对台账信息进行相关操作时，系统会同步记录其修改日期，如图 7-72 所示。

图 7-72　台账信息展示、修改界面

2）台账列配置

台账列配置是对系统中台账信息需要填写的参数进行控制，例如：主筋根数、钢筋内净尺寸、桩头处理方式等，在勾选后点击"保存"，相应的字段出现在台账填报页面，方便根据不同的检验批进行数据填报，如图 7-73 所示。

图 7-73　台账列配置

3. 报告管理

1）报告生成

报告管理是实现系统的输出功能，整个系统最核心的功能，系统中每个检验批对应有其分项数据。在各分项数据齐全之后，系统可根据预设的输出模板生成相应的检验批资料，如图7-74所示。检验批资料可以单个导出，也可以根据混凝土浇筑时间区间批量导出，系统在批量导出检验批资料时会自动识别信息不完整的检验批进行跳过，并且设置已导出的资料不再有导出选项，以此避免重复工作，如图7-75所示。

图 7-74　报告管理

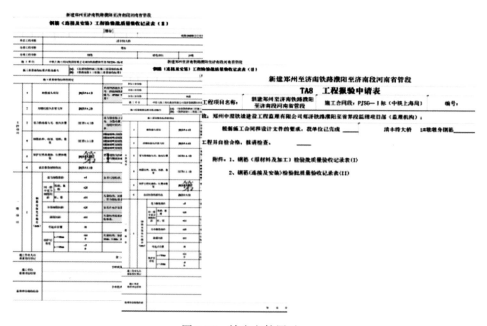

图 7-75　输出文件展示

在工程项目实际进行的过程中会发生一些错误，需要对检验批资料进行重新修改，系统中可对已经生成报告进行修改。在相关台账信息更新之后，系统根据内设逻辑，对修改部位的台账信息相关的检验批资料进行重新生成，降低资料返工的难度和工作量。

2）上传档案

系统生成检验批资料，打印出来后相关人员对相应工程部位进行检查、签字，形成完整的检验批资料，将纸质完整的检验批资料扫描上传系统。在保存项目信息的同时，关联到组织机构模块项目管理的进度查看，实现项目进度信息的可视化，提高相关管理人员对项目进度情况的掌握，如图 7-76 所示。

图 7-76　上传档案

7.4.5　系统作用

检验批数智化管理系统打通了部门之间的数据壁垒，形成了部门与部门之间，企业与项目之间的矩阵管理模式，实现了信息传递的便捷化、实时化。为各部门的数据提供了一个存储平台，实现了项目各部门信息的可追溯性。检验批数据采用 App 现场实时录入，减少了传统检验批的工序流程，避免了由于作业工序差导致的信息差发生，提高了作业效率、信息的及时性及真实性。检验批系统实现了数据的自动采集及检验批的自动生成及导出，解决了检验批制作过程中的重复作业现象，同时避免了检验批制作过程中由于人工数据录入错误导致的大面积、大批量的修改问题，减少了大量的纸张浪费现象及人力劳动成本，提高了项目的管理效率。系统自动进行数据甄别及判定，相比人工检验批系统的数据精准度更高，避免了数据录入过程中发生误录现象。对过程录入有误的检验批可进行批量修正，减少了对单个检验批进行修正的工作时间。

检验批数智化管理系统相比传统检验批制作流程，系统能实现检验批的实时录入、自动生成以及台账的实时修改，极大限度地提高了检验批的制作效率。经过与传统铁路工程检验批制作进行对比，结果显示单份检验批采用铁路检验批数智化管理系统进行制作在人力资源、材料节约上共可节省 16 元。并且，检验批数智化管理系统实现了技术与业务的融合，具有操作简便。为项目各部门的数据信息提供了一个储存及交互平台，实现了数字化技术在工地上的应用，数智化技术的应用解决了铁路工程检验批制作的繁琐过程，为今后的智慧建造技术起到了一定的推进作用。

第 五 篇

经 济 篇

第 8 章

装配式桥梁智慧建造成本管理

8.1 全生命周期成本管理

8.1.1 概述

1. 全生命周期

建设项目随着时间的推移对应着不同的发展阶段，所有阶段加起来就构成了一个项目的生命周期。建筑全生命周期可以分为规划阶段、设计阶段、建设阶段、运营阶段四个阶段。对高速铁路装配式桥梁智慧建造的成本效益分析根据全生命周期理论将工程项目划分为不同阶段，并分析不同阶段的成本及效益差异从而实现对项目全生命周期的分析。

全生命周期具有系统化、信息化等特征，整个体系是一个完整的系统，包括项目的设计、准备、进行及竣工后的运营维护。其遵循的原则为：减物质化施工原则、环境生态减负荷化原则、施工环境影响控制原则。首先减物质化施工原则是要求在施工过程中能够通过新技术的运用减少所消耗的物质总量，并实现资源的再利用；环境生态减负荷原则就是要求在生产中减少废水、废气和废渣的排放，降低周围环境的负荷，保护并改善当地的生态环境；施工环境影响控制就是要求在整个施工过程中对各种污染进行有效控制，对周围各种设施以及文物进行保护。

2. 全生命周期成本

全生命周期成本（Life Cycle Cost，LCC）是指一个系统或设备在全生命周期内，为购置和维持其正常运行所需支付的全部费用，即系统（设备）在其生命周期内设计、研究、开发、制造、使用、维修和保障直至报废所需的直接、间接、重复性、一次性和其他有关费用之和，也可以理解为设备从被研发出来一直到消亡整个过程的成本。这一理论起源于1904 年瑞典铁路系统，1965 年美国国防部在全军武器生产和装备中实施 LCC 管理。20 世纪 80 年代初，LCC 理论被引入我国，目前在电力、军事、航天、矿山等领域均有很好的研究与应用。

作为一个独立的成本核算范畴，早在 20 世纪 60 年代初期，就第一次出现了全生命周期成本的理念。首次提出这一理念的是美国国防部，其研究相关武器成本时，将成本的定义首次扩展到整个研究过程的支出，包括考虑到后期拆除的处理成本。将成本第一次动态全面地考量了整个过程，而不是单一购买组建的环节。自 20 世纪 70 年代起，"全生命周期成本"的计算理念就被归入了管理会计的范围。其重心转移方向由军工工业向民用工业转移，20

世纪 80 年代后期至 20 世纪 90 年代初期，在全球范围内这种发展方向更加明显。欧洲相当一部分发达国家，众多从事工程类造价学的专家们指出全生命周期成本理论的合理性，进而之后在各个领域进行应用该种核算方式。欧洲发达国家在该理念的运用中，有着先进成熟的方法。企业未来提高自身的竞争优势，往往需要将消费者使用维修、后期材料处理的成本降至最低，对于一个产品来说，全生命周期成本是整个生产环节中需要绝对关注的。

3. 成本管理

传统的成本管理主要关注的是生产过程中的成本控制。只有从整个全生命周期考虑，成本才能得到更为有效的控制。产品全生命周期一般分为广义与狭义两个角度，首先，从狭义的角度来看，是指企业内部与关联方生产过程中所负担的成本，具体包含设计开发费用、制造费用、物流费用、销售费用等部分。其次，从广义的角度来看，扩大了生产发生的成本内容，全面地考虑产品转移到消费者手中后的一系列成本。全生命周期成本的定义中，会站在不同的角度考虑成本的管理问题。

从社会角度来说，这样才能达到节约社会资源的目的。任何产品在进入市场后，都有一定的销售周期，其中包括研发期、投放期、成长期、稳定期、衰退期等几个阶段。从设计者的角度来说，运用全生命周期成本将设计出品后，不同的产出投入，直接影响了设计者的设计方案走向。从投资者的角度，更多关注的是投资与回报的产出比，全生命周期成本会直接将成本投入的全过程展现，以便投资者更好地考量其投入总额，以及未来投资各个阶段的资金流状况。站在全局的角度考虑，全生命周期成本是一个很好的成本分析工具，能够更动态地将成本各阶段投入纳入计算。全生命周期成本将时间维度的成本考量得非常全面，从一个长期的运营角度将成本控制到低水平。

4. 管理特点

1）节约性

全生命周期管理追求资源的最优配置和使用，以实现成本的最小化。它通过整个生命周期的规划、运作和控制，减少浪费和冗余，提高资源利用效率。通过合理的设计、生产和运营，可以降低原材料、能源和人力资源消耗，实现节约效益。对于设计与制造条件的进一步了解，制定出有关预防成本的控制技术与经济措施，弥补成本管理上先天存在的缺陷，进行事前控制，预先做好准备。

2）全面性

全生命周期成本管理考虑了各个环节，它综合了项目的所有维度，包括技术、经济、环境等各个方面。通过全面分析和综合考虑，可以发现并解决各个阶段存在的问题，提高整个生命周期的绩效和可持续性。综合考量全运动与全过程成本控制，在全生命周期过程中达到最大的经济收益。

3）权责利结合性

全生命周期成本管理要求各个参与方在整个生命周期中承担相应的责任和义务，并享有相应的权益。全生命周期管理鼓励形成各方共赢的利益结构，确保各方在运作过程中权益的平衡和协调。严格按照经济责任制的要求，权责利相等原则，在项目中明确各个成本中心，明确各个部分控制成本的具体责任，进而组成整个项目全面成本控制系统，明确责任。

4）目标管理性

全生命周期成本管理以目标为导向，强调整个生命周期的规划和管理应该与目标的实现相一致。它要求在整个生命周期中制定明确的目标和指标，并通过监控和评估来确保目标的达成。全生命周期成本管理注重追求整体的效益和绩效，而不是单纯追求某个阶段的局部利益。目标成本是主要管理依据，涉及多项经济活动，包含控制、指导的主要准则，力争使用最少的支出成本，获得最大的经济效益。

8.1.2　装配式桥梁智慧建造全生命周期成本

全生命周期成本包括经济、环境等方面的成本。根据装配式桥梁智慧建造的建造过程全生命周期的特点，经济成本包含以下几个阶段的成本，如图 8-1 所示。

1）决策阶段：主要指项目前期的咨询调研费用以及可行性研究的相关费用。

2）准备阶段：主要指工程开始施工前的前期准备成本，包括生产准备费用、构件准备费用。

3）建设阶段：主要指项目开始施工到竣工交付过程中所产生的建造成本，包括直接费用（人工费、材料费、机械使用费、组织措施费）、间接费用（企业管理费、规费）。

4）拆除阶段：主要指项目建造结束后恢复项目周边环境所产生的拆除回收成本，包括对装配式桥梁建造过程中所使用机械设备及预制构件厂的拆除费用、场地清理费等。

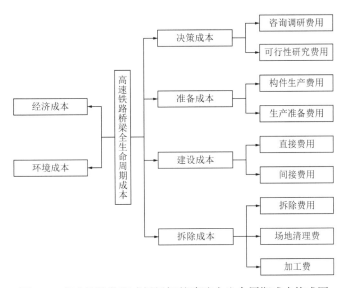

图 8-1　高速铁路装配式桥梁智慧建造全生命周期成本构成图

8.1.3　装配式桥梁智慧建造成本控制问题

1. 投资决策阶段成本控制问题

建设项目的投资决策是指最终作出是否投资建设该项目的决定，建设项目的建设规模、厂址的选择、工程方案、投融资方案及项目的效益目标的确定等都属于投资决策范畴。在装配式桥梁智慧建造投资决策过程中，决策层往往未完全考虑建设项目是否符合该地区的宏观发展方向，或者对建设项目的定位不准确，导致销售乏力，不能满足客户群体的需求，以上两点均是没有对建筑市场和行业动态进行深入调研所造成的。政府投资项目实行审批制，建设单位多是委托第三方咨询服务公司编制项目可行性报告或资金申请报告等，编制完成的报告过于形式化，并带有委托方的意愿，导致项目建成后的效益不尽如人意。

2. 设计阶段成本控制问题

设计单位一般是根据建设单位的估算来完成设计概算，尽量满足建设单位对装配式桥梁智慧建造的功能、档次等需求。建设项目在选择设计公司的过程中，缺乏科学评估、市场调研等系列工作，且在设计工作推进的过程中，存在着重设计、轻经济的倾向，将设计工作的重点放在了图纸规范、设计费用以及完成时间方面，而没有充分认识到设计工作对于后续工作的重要作用，甚至是决定性作用。部分人员对项目中的配套设施建设以及其他附属项目建设等工作存在着重视不足的问题，进而导致设计过程中存在遗漏、设计不全面等方面的问题，而在施工过程中，必须结合实际情况进行问题修正、优化和完善，若不根据实际情况调整变更设计施工图，就会造成建设成本的失控。

3. 招投标阶段成本控制问题

部分建设单位在招标中缺乏完善、全面的评标体系。部分建设单位对于复合型评审指标和内容的关注度不足，在执行过程中虽然对投标单位资质进行了初步审查，但是对投标单位的具体经营管理情况以及诚信经营等缺乏深入、全面的调查，盲目选择中标单位，容易使建设单位处于相对被动的地位。另外，建设单位不仅要对总承包单位进行全面的审核调查，还要重视设备采购，充分认识其所具备的一次性采购特征，严格审查材料供应商的供应能力和售后服务。

4. 施工阶段成本控制问题

建设项目在施工中的动态成本反馈缺乏及时性、有效性，工程部门在签证和变更时，很难做到及时将相关情况与财务部门进行沟通联络，因此，对于实际的变更以及签证信息的的了解程度严重不足，影响项目的动态管理工作。在施工过程中，也缺少专人负责动态成本数据的跟踪、分析等，从而导致建设项目后期成本核算出现了超支现象。另外，对于部分合同专项条款内容的编制不够严谨、语句不够准确，导致在装配式桥梁智慧建造施工过程中不得不通过追加工程款的方式来满足施工单位的要求，推动项目顺利进行。再如，在材料、人工单价等执行方面，建设单位对材料的认质认价工作重视程度不高、认识不够全面、监管不到位，未在合同中明确约定或提出价格计算的时间，因此在施工过程中认质认价过于被动，造成成本失控。

5. 运营维护阶段成本控制问题

当前建设项目更多地注重建设前和建设中的成本控制，对于建设项目交付后运维阶段的成本控制重视程度严重不足，甚至由于运维阶段的成本过高而影响建设项目的整体经济效益。

8.2 增量成本管理

8.2.1 增量成本

狭义的增量成本，是指因实施某项具体方案而引起的成本，如果不采纳该方案，则增量成本就不会发生；广义的增量成本，是指两个备选方案相关成本之间的差额，一般又称为差量成本。增量成本这一概念衍生于经济学边际成本，现在可以引入到建筑项目中作进一步探讨，装配式桥梁其实属于绿色建筑的一类，因此其增量成本概念的界定可以以绿色建筑为参考。国内外学者对绿色建筑增量成本已经取得了很多研究成果，绿色建筑增量成本的定义是指：除了基础施工以外，为了达到节能减排的效果而采用的节水、节电、节地等绿色措施而产生的新增费用，这个费用就称为增量成本。装配式建筑增量成本是指采用装配式施工时，运用装配式技术生产后的造价相较于传统现浇建筑的方式的造价多出的部分。

增量成本指的是为建设某一项目而增加的国民经济代价。在国民经济效益评价中，由于建设某一项目而使国民经济失去的各种资源，是项目建设和生产过程中国民经济中所增加的耗费。装配式建筑和传统现浇建筑的施工技术和建造模式有着根本的不同，因此当建筑项目选用装配式时，成本项目的构成会有很大的差异。因此，装配式桥梁智慧建造的增量成本是指采用装配式建造模式与传统桥梁建造方式建造同一个建筑项目在设计和施工阶段的成本差异。

8.2.2 影响因素

1. 设计阶段

1）建筑规模

建筑规模大小最直观的体现是项目的建筑面积。从建筑规模来看，建筑面积越大，需要预制的构件数量就越多，涉及的施工工序就越多，相应的人力、物力大大增加，从而增加建造成本。

2）预制率

预制率是装配式建筑区别于传统现浇建筑特有的特征指标，也是反映装配式水平的重要标准之一。为了推广装配式建筑的发展，各地政府规定了装配式建筑预制率必须达到其最低要求。但目前预制技术还不够成熟，建造总成本会随着预制率的增加而增加，预制率越高也就意味着在设计阶段要进行构件的拆分量越多，影响装配式建筑总建筑成本比传统现浇建筑总成本高的主要因素就是这部分成本。

3）装配方案

装配方案包括预制构件的种类和构件组合形式，目前常见的装配式建筑构件包括：预制叠合板、预制外墙、预制楼梯、预制阳台等。选择不同的构件及其组合方案时，会对后续的施工造成较大的差异，从而导致增量成本的不同。

2. 现场施工阶段

1）施工方法及工艺

不同施工方法及工艺会产生不同的成本增量，现场安装施工之前，首先要把各个构件利用支撑杆和角码放在固定的位置上，其次利用机械设备进行吊装装配，其中一些连接部位或是节点部位需要后浇混凝土，预制构件节点处的连接是保障施工质量的关键一步，也会增加人工和材料的成本。现场虽然机械化程度高，但相比现浇建筑，增加了现场预制构件安装的费用。

2）现场平面布置

装配式建筑现场安装施工的过程中需要进行多次吊装，不仅要保证吊装与安装位置布置方便合理，同时也要保证不影响其他交叉作业的有序进行。在建造成本中吊装费用也不容小视，吊装机械的选择、现场的平面布置等都可能提高吊装的成本。

3）机械设备的选用

相较于现浇建筑，装配式的垂直运输工作量大幅度增加，倾向于机械化施工方式，需要租赁大型吊装机械来完成现场构件的安装工作，吊装机械的租赁费用在安装费用中占比较大，为了控制其产生不必要的增量成本，在吊具租赁时，要依据构件的尺寸重量来选择，并且需要考虑离吊具最远端构件的重量，不同型号吊具的租赁费用是不同的，吊装极限重量越大，机械租赁费就越高，这不仅会产生相应的机械费，同时也会产生人工费。

4）施工人员水平

预制构件的安装技术要求精度非常高，施工人员的技术水平是影响拼接质量与安全的重要因素之一，工人成熟的操作技术能够保证其工作效率。在装配式建筑施工中，由于技能型操作工人大幅度增加，而像砌墙工等这样的人员减少，所以对施工工人的技能水平考核显得格外重要。因此，在施工前会对安装工人进行技能集中培训，提高工人的施工水平，保证安装作业质量，这样就进一步提高了安装阶段的人工费用。

8.2.3　增量成本分析

从全生命周期成本的角度来分析其增量成本，因而要考虑不同建造阶段可能产生的增量成本。然而，由于装配式建筑的投资集中在设计与建设两个阶段，与传统施工方法相比，其增量费用主要来自设计与建设阶段。本文将分别从设计、建设两个方面对装配式桥梁智慧建造的增量费用进行详细的分析。

$$C_{增量成本} = C_{设计阶段增量成本} + C_{建造阶段增量成本}$$

1. 设计阶段成本增加部分

从总体上看，装配式桥梁智慧建造的设计费用比传统施工方法要高。在装配式桥梁的设计阶段，需要对预制构件、预制构件模具、预制构件细节、预制构件组装等多方面内容进行设计，因此便导致了设计阶段费用的增加。

1）预制构件拆分设计费

与传统的桥梁建造方式有很大的区别，对装配式桥梁的整体设计完成后，还涉及对预制构件的拆分设计。对于构件进行专项的拆分设计，应以施工图设计文件、所选用的标准图集为依据，以确保构件拆分设计的科学准确性，对后续制作、安装等方面施工节省施工时间。

2）预制构件模具设计费

在将构件拆分设计完毕之后，还需要对构件厂中的建造模具进行设计，在预制构件的模具中，预制构件的生产模具包括内模、外模、顶模、打磨装置、喷涂装置等重要组成部件，它们都是生产构件的关键。

3）预制构件设计费

在对预制构件进行拆分设计的基础上，还需要对其细节部分展开进一步的深化和详细的设计，才能满足生产的需求。而在此之前，对预制构件的详细图设计，可以提前将后期的安装问题考虑进去，从而为安装工程的施工节约了很多的时间。

4）预制构件装配施工设计费

在装配式桥梁中，对预制构件的堆放和吊装等方面也要进行严谨的设计，制定关于构件堆放、运输、吊装、施工等相关一系列的施工方案以确保运输、堆放、吊装施工等工作可以顺利、高效进行。

2.建造阶段成本增加部分

在施工过程中，费用增长的主要原因是预制产品的费用、运输费用，以及其他费用。对于装配式桥梁的工程项目，由于工程项目涉及路程较远，项目的预制构件厂根据项目的具体路线选取合适的位置建设，并且在项目结束时拆除预制构件厂，因而增量成本中包含预制构件厂的建设及拆除费用。预制构件由堆放位置运输至施工位置施工会产生运输费及吊装费，从而增加项目成本。其他费用主要包括大型临时设施建设费和智慧建造平台的构建成本。

8.3 智慧建造成本管理

8.3.1 成本管理智慧化

成本管理重点包括管理模式、施工组织模式、劳务分包模式与价格、材料与机械设备等的消耗与采购价格、施工技术方案与资源配置、项目工期与进度安排、质量标准与施工控制水平、施工安全状况、外部环境、技术创新能力与应用、变更索赔策划等。在进行具体成本管理的过程中可采用成本管理信息系统对成本进行控制。

项目成本管理信息系统以项目合同清单为主线，将项目收入管理、责任成本预算、收方结算过程控制、核算分析、控制调整的全过程进行融合，如图 8-2 所示，实现成本管理相关业务的控制，将成本管理与资金支付相关联，在施工过程中对工程数量、劳务单价、主要材料消耗、机械费用等各项费用进行有效把握。

图 8-2　项目成本信息管理系统

8.3.2 成本管理运行体系

结合智慧建造信息系统平台，可以有效地为成本管理提供反馈，降低成本损失，完善成本分析。智慧施工成本管理运行体系如图 8-3 所示。施工成本控制流程如图 8-4 所示。

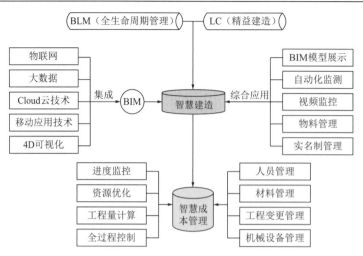

图 8-3　智慧施工成本管理运行体系

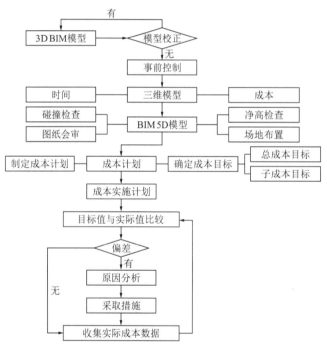

图 8-4　施工成本控制流程图

1. 前期成本管理分析

运用信息管理系统平台，例如：BIM 可视化技术等，使其可以及早发现和及时反馈，从而对其进行持续的修改和改进，利用广联达 BIM 等软件对其进行的施工仿真，可以有效地调节各学科之间的矛盾，对其进行最大程度的优化，从而可以及早找到和解决施工中出现的问题，从而提升施工的速度，降低更改的费用，同时也可以减少项目的返工。同时 BIM 算量系统可以根据不同类型、不同工段的情况，对项目的数量和费用进行统计，从而为项目的造价预测奠定基础；此外，智慧建造信息平台系统还可以根据项目的不同阶段，对其进行不同阶段的资源、资金的消耗情况进行分析，以及进行不同阶段的资源、资金消耗情况的对比分析，从而确定项目的造价，以致达到对项目造价进行提前控制的目的。

2. 中期成本管理分析

根据工程项目的实际费用和预计费用的比较和分析，及时纠正工程项目偏差，减少工程项目因超支而造成的损失。比如，RFID 技术就可以通过 BIM 模式来对建筑工地进行实时监测。在此基础上，实现对生产过程中各环节的资源消耗量的计算，并对各环节的实际消耗量和规划消耗量进行对比。通过 BIM 建模，实现对施工过程中任意时间节点的工程造价与规划造价的实时监测，并对工程造价与工程造价之间的差异进行实时、准确的预测，为工程造价与工程造价之间的关系提供决策依据。在发生工程变更时，智能模型可以实现自动扣除，计算出变更部分的工程量以及成本、资源变化，并通过系统平台在线发出变更通知，提醒相关方进行调整，以减少成本损失。

3. 后期成本管理分析

在此基础上，通过广联达等的计算定价能力，可以迅速对工程进行计算，并根据 5D 的模式，对工程中的实际费用进行计算和总结，与其预算费用相比较，进而作出工程的损益与节余，并且可以单击就可以形成一张表格，便于查询，还可以实现从时间、工序、构件等多个方面对工程中的费用进行计算与分析，并且可以在最短的时间内对造成费用偏差的因素进行分析，及时地进行纠正，实现费用的精益化，并将费用资料输入到 BIM 平台的资料库中，为同类工程的费用管理提供借鉴。

8.3.3　成本管理意义

与传统的施工阶段项目成本管理相比，智慧建造成本管理强调先进信息技术的集成应用，有助于项目成本管理的实时、动态和准确分析，具备更加科学的成本管理方式和精准的成本核算能力；智慧建造以绿色、精益、可持续建设为宗旨，成本管理可以最大限度地缩减工程施工阶段各参与方的工作量，利用先进技术优化资源计划，提高生产率水平，节约资源，减少浪费；智慧建造成本管理能够保存与共享历史资料，并解决传统成本管理存在的数据失真问题，能最大限度地发挥信息价值；智慧建造成本管理通过时间节点动态监控各施工工序、构件的资源消耗、费用支出情况，从时间、空间和工序三个维度全面实现施工成本的精细化管理。

智慧建造成本管理解决建设项目施工成本管理中现存的问题和缺陷。传统的粗放型成本管理模式存在着许多弊端，成本数据信息难以实现共享、协同，缺乏动态管理等一系列问题频现。而智慧建造成本管理以新兴信息技术为依托，融合智慧建造理念与精细化管理理论共同作用于施工成本的精细化管理，能够有效解决当前建设项目成本管理中存在的现实问题。

智慧建造成本管理促进智慧建造技术在施工成本精细化管理中的应用。智慧建造理念的出现和发展体现了我国传统的建设项目设计、建造及管理技术的改进与创新。通过先进信息技术与建造技术的深度融合，构建了智慧建造框架体系，并以该体系为核心对施工成本精细化管理进行深化，建立了智慧施工成本管理运行体系，能够有效促进智慧建造技术在施工成本精细化管理中的应用，对建筑业的持续健康发展具有重要的现实意义。

第 9 章

装配式桥梁智慧建造效益评价

9.1 经济效益

装配式桥梁智慧建造的经济效益可以通过创新技术等措施的应用情况以价值形式进行量化，是一种直接效益，主要体现在节材、节水、节能、节地等方面。本节将对装配式桥梁智慧建造的经济效益进行评价和分析。

9.1.1 经济效益评价指标体系构建

1. 经济效益影响因素分析

经济效益是衡量一切经济活动的最终的综合指标。经济效益是通过商品和劳动的对外交换所取得的社会劳动节约，即以尽量少的劳动耗费取得尽量多的经营成果，或者以同等的劳动耗费取得更多的经营成果。经济效益是资金占用、成本支出与有用生产成果之间的比较。所谓经济效益好，就是资金占用少，成本支出少，有用成果多。经济效益是评价一项经济活动是否应进行的重要指标。装配式桥梁智慧建造的经济效益主要体现在"四节"上，装配式预制构件与智慧建造相结合能够体现出更大的直接经济效益，"四节"包括节材、节水、节能、节地四个方面。节材效益、节水效益、节能效益、节地效益主要指合理利用和节省材料资源，节约水资源，节约能源，合理使用和节省土地资源。

1）节材效益

对于工程材料资源节约方面，应根据工程情况，科学合理部署，因地制宜，遵循可持续发展的原则，采用先进的技术手段选择适用的材料资源，制定合理的节材目标，优化设计、施工方案，使得节材措施与效果明显。结合项目的实施性施工组织设计中对节材与资源利用方面的分析，节材效益主要分为材料选择、材料节约、资源再生利用三方面，因而其主要影响因素总结概括为就地取材的材料选择原则、高性能材料的利用以及节材设计。综上，节材效益可以表示为：

$$B_{节材} = B_{节材设计} + B_{高性能材料} + B_{运输} \tag{9-1}$$

目前，超高性能混凝土、高性能灌浆料、适于 3D 打印的高流动性混凝土、智能自修复混凝土、形状记忆合金（SMA）等作为桥梁工程领域具有巨大应用前景的新型结构材料，已成为该领域的研究和应用热点。在装配式桥梁智慧建造过程中，将高强、高韧性、高耐久性的超高性能混凝土（UHPC）材料应用于桥面板结构，满足不同结构部位性能需求的轻质高强 UHPC 材料的研发设计节约了工程材料资源，解决了钢桥面板疲劳开裂及铺装易损的问题，并开发了专用智能生产线，实现了桥面板结构的规模化生产。此外，运输与安装环节是装配式桥梁智慧建造中最重要的一环，包括通过运输将模块从生产工厂转移到建造现场，然后进行现场拼装和安装。各预制构件在工厂内可实现高精度、大批量生产，满足现场施工的各类需求，不受现场设备与施工方法的限制，在工厂加工的构件可以按照建设要求生产规格准确的构件，可以最大限度地减少建材浪费。因此，就地取材的材料选择原则将大幅度提高安装速度和减少风险，从而提高施工效率，缩短施工周期。

2）节水效益

水资源的节约利用方面需要加强用水的全面管理，需要根据工程项目的特点和施工现场生活及施工情况确定生活用水和工程用水的定额指标，节水项目基本都会采用节水系统以及节水器具，施工现场应建立可再利用水的收集处理系统，且应优先采用经检测合格的非传统水。结合《工程建设项目绿色建造施工水平评价办法》对水资源节约和循环利用指标的检查要点，分析节水效益的影响因素为节水器具的配置使用、非传统水源利用、供排水系统设计。综上，节水方面的效益可以用如下计算公式表示：

$$B_{节水} = P_{节水} \times Q_{节水} \tag{9-2}$$

式中：$P_{节水}$——水单价；

$\quad\quad Q_{节水}$——节水量。

在装配式桥梁智慧建造过程中，首先，合理化选择并配备使用节水器具。通常情况下，会选择水箱，也需根据施工用水使用实际情况详细分析，可选择容量适当的水箱，可有效解决水资源浪费问题，还能对施工用水进行合理化的控制与管理。其次，对水龙头选择，以"节水型"水龙头为主，既能满足施工现场需求，又能实现节约水资源目的。由于采用预先在工厂生产的 PC 构件在一定程度上减少了混凝土构件的养护用水以及设备的冲洗用水等传统水源的利用，也减少了湿作业工作量。此外，给排水系统设计将重点解决装配式桥梁智慧建造项目中水资源浪费问题，从根源上控制水资源使用量，并进行雨水的收集和针对性处理，对可利用的水资源进行重复使用，以实际效果说明供排水系统设计价值。

3）节能效益

为达到能源的节约利用，对于临时用电方面，应该优先采用自动控制系统及设备，或采用无功补偿等相关措施以提高设备的能源使用效率；照明设备方面，节能照明灯具的使用率应达到 100%，施工通道等区域更适合采用声控延时等自动照明设备；对于临时用电的节能灯具的照明设计应满足最低的照明度。《工程建设项目绿色建造施工水平评价办法》对能源节约与利用指标的检查要点以及项目的实施性施工组织设计中的相关分析，总结出节能效益的影响因素为节能照明系统、高效用能设备及系统、新能源利用。本节分析的节能效益主要通过节约的电能表示，计算公式如下：

$$B_{节电} = P_{节电} \times Q_{节电} \tag{9-3}$$

式中：$P_{节电}$——电单价；

$\qquad Q_{节电}$——节电量。

高速铁路装配式桥面系及附属工程施工工序：桥面钢筋安装→桥面铺装防水混凝土施工→钢护栏施工→泄水孔安装施工→伸缩缝安装施工。对于郑济高铁装配式桥梁工程所需的临时照明，通过智慧建造一体化关键技术，对临时照明所需的不同类型、功率，不同排布间距、方位灯具的模拟，可有效地得出模拟的效果图。对于符合光照强度要求的灯具，通过成本、功率、使用寿命等进行综合分析，最终确定适用于郑济高铁装配式桥梁施工的节能照明系统。现场的施工设备能源结构简单，如起重机、水泥搅拌机等，而工厂设备生产具有大型化、集中化的特点，预制和模块化施工可以减少现场借助高效用能设备及系统施工，控制各类能源被合理化应用，提高各类能源利用效率。尤其，在装配式桥梁智慧建造的新能源方面通过对太阳能等环保型、可再生自然能源的合理化应用，凸显智慧建造的节能效果。

4）节地效益

节地效益主要通过充分利用土地资源的节地措施实现，节地方面的经济效益主要受到区域对征地方面的政策的差异影响，实现节地效益最明显的途径主要是充分利用土地资源，主要体现在对施工场地的合理规划和设计、对现场临时占地的提前规划两个方面。

在装配式桥梁项目智慧建造初始阶段进行场地布置的时候，通过 BIM 技术直接建立三维的场地模型，经由管理人员开会审定，对不同的修改意见直接在三维空间中修改，保证所见即所得。借用真实的场地漫游技术，帮助管理人员对建成后的效果有更为直观的感受。通过合理划分施工区域，实现土建、机电等专业领域分工合作，在同一个中心文件中工作，确保设计的高效性，提高建造效率，提升施工质量。最后定稿的三维图纸直接输出二维的施工图，交由现场作业人员进行施工，确保结构的耐久性，从寿命维度上减少对于土地的占用。根据施工规模及现场条件等因素合理确定临时设施，明确临时加工厂、现场作业棚及材料堆场、办公生活设施等的占地指标，临时设施的占地面积有效利用率应当大于 90%。施工现场对于场区的平面布置应合理，尽可能紧凑，应尽可能减少废弃地和使用死角以满足环境、安全文明施工等各方面对施工场区布置的要求。

2. 经济效益评价指标体系

结合上文中对经济效益影响因素的分析可知，经济效益主要体现"四节"方面：节材效益、节水效益、节能效益、节地效益。结合相关规范、标准，具体内容如下：

（1）参照《国家优质工程奖综合评价细则》《工程建设项目绿色建造施工水平评价方法》《智慧工地建设评价标准》等进行影响因素的初步选取；

（2）再结合《装配式混凝土桥梁专用质量检验评定标准》《智能建造评价标准》以及智能建造各试点城市所试行的《智能建造项目评价指标体系》，构建经济效益的评价指标见表 9-1。

<table>
<tr><td colspan="3" align="center">经济效益评价指标体系</td><td align="right">表 9-1</td></tr>
<tr><td align="center">准则层</td><td align="center">一级指标层</td><td colspan="2" align="center">二级指标层</td></tr>
<tr><td rowspan="11" align="center">经济效益A_1</td><td rowspan="3" align="center">节材效益B_1</td><td colspan="2" align="center">就地取材C_1</td></tr>
<tr><td colspan="2" align="center">高性能材料C_2</td></tr>
<tr><td colspan="2" align="center">节材设计C_3</td></tr>
<tr><td rowspan="3" align="center">节水效益B_2</td><td colspan="2" align="center">节水器具C_4</td></tr>
<tr><td colspan="2" align="center">非传统水源利用C_5</td></tr>
<tr><td colspan="2" align="center">供排水系统C_6</td></tr>
<tr><td rowspan="3" align="center">节能效益B_3</td><td colspan="2" align="center">节能照明系统C_7</td></tr>
<tr><td colspan="2" align="center">高效用能设备及系统C_8</td></tr>
<tr><td colspan="2" align="center">新能源利用C_9</td></tr>
<tr><td rowspan="2" align="center">节地效益B_4</td><td colspan="2" align="center">场地规划与设计C_{10}</td></tr>
<tr><td colspan="2" align="center">现场临时占地C_{11}</td></tr>
</table>

9.1.2　评价指标体系权重确定

由于影响综合效益的因素较为复杂，影响因素中既有定量分析的部分，也包含定性分析的部分，因此，高速铁路装配式桥梁智慧建造综合效益评价研究也更为复杂，从而导致对评价指标进行权重计算的时候，不能够采用单纯的客观赋权法。对此，本书选用层次分析法（AHP）对各级指标进行赋权并分析。

层次分析法（AHP）是根据问题的性质和要达到的总目标，将问题分解为不同的组成因素，并按照因素间的相互关联影响以及隶属关系将因素按不同层次聚集组合，形成一个多层次的分析结构模型，从而最终使问题归结为最底层（供决策的方案、措施等）相对于最高层（总目标）的相对重要权值的确定或相对优劣次序的排定。其中，最高层是决策的总目标、要解决的问题；最底层是决策时的备选方案；中间层为考虑的因素、决策的准则。该方法建模的一般步骤：建立层次结构模型→构造判断（成对比较）矩阵→层次单排序及其一致性检验→层次总排序及其一致性检验。面向郑济铁路装配式桥梁智慧建造经济效益评价问题的建模步骤如下：

1）构造准则层经济效益A_1下的一级指标B_i（$i = 1,2,3,4$）的判断矩阵

经济效益判断矩阵A_1-B具体见表 9-2。

<table>
<tr><td colspan="5" align="center">经济效益判断矩阵A_1-B</td><td align="right">表 9-2</td></tr>
<tr><td align="center">A_1</td><td align="center">B_1</td><td align="center">B_2</td><td align="center">B_3</td><td align="center">B_4</td><td align="center">ω_i</td></tr>
<tr><td align="center">B_1</td><td align="center">1</td><td align="center">1/5</td><td align="center">1/3</td><td align="center">3</td><td align="center">0.1137</td></tr>
<tr><td align="center">B_2</td><td align="center">5</td><td align="center">1</td><td align="center">5</td><td align="center">7</td><td align="center">0.6184</td></tr>
<tr><td align="center">B_3</td><td align="center">3</td><td align="center">1/5</td><td align="center">1</td><td align="center">4</td><td align="center">0.2117</td></tr>
<tr><td align="center">B_4</td><td align="center">1/3</td><td align="center">1/7</td><td align="center">1/4</td><td align="center">1</td><td align="center">0.0562</td></tr>
</table>

计算得出 $\lambda_{\max} = 4.2521$，一致性检验 $CI = \frac{\lambda_{\max} - n}{n-1} = 0.0840$，$CR = \frac{CI}{RI} = 0.0933 < 0.1$，表明判断矩阵 $A_1\text{-}B$ 具有满意一致性，经济效益一级评价指标 B_1、B_2、B_3、B_4 的权重值依次为 0.1137、0.6184、0.2117、0.0562。

2）构造一级指标层下的二级指标的判断矩阵

（1）节材效益评价指标

构造一级指标层节材效益 B_1 下的二级指标 C_i（$i = 1,2,3$）的判断矩阵，具体见表 9-3。

节材效益判断矩阵 $B_1\text{-}C$　　　　　　　　表 9-3

B_1	C_1	C_2	C_3	ω_i
C_1	1	2	5	0.5815
C_2	1/2	1	3	0.3090
C_3	1/5	1/3	1	0.1095

计算得出 $\lambda_{\max} = 3.0041$，一致性检验 $CI = \frac{\lambda_{\max} - n}{n-1} = 0.0021$，$CR = \frac{CI}{RI} = 0.0036 < 0.1$，表明判断矩阵 $B_1\text{-}C$ 具有满意一致性，节材效益二级评价指标 C_1、C_2、C_3 的权重值依次为 0.5815、0.3090、0.1095。

（2）节水效益评价指标

构造一级指标层节水效益 B_2 下的二级指标 C_i（$i = 4,5,6$）的判断矩阵，具体见表 9-4。

节水效益判断矩阵 $B_2\text{-}C$　　　　　　　　表 9-4

B_2	C_4	C_5	C_6	ω_i
C_4	1	2	3	0.5396
C_5	1/2	1	2	0.2970
C_6	1/3	1/2	1	0.1634

计算得出 $\lambda_{\max} = 3.0092$，一致性检验 $CI = \frac{\lambda_{\max} - n}{n-1} = 0.0046$，$CR = \frac{CI}{RI} = 0.0079 < 0.1$，表明判断矩阵 $B_2\text{-}C$ 具有满意一致性，节水效益二级评价指标 C_1、C_2、C_3 的权重值依次为 0.5396、0.2970、0.1634。

（3）节能效益评价指标

构造一级指标层节能效益 B_3 下的二级指标 C_i（$i = 7,8,9$）的判断矩阵，具体见表 9-5。

节能效益判断矩阵 $B_3\text{-}C$　　　　　　　　表 9-5

B_3	C_7	C_8	C_9	ω_i
C_7	1	5	2	0.5954
C_8	1/5	1	1/2	0.1283
C_9	1/2	2	1	0.2763

计算得出 $\lambda_{\max} = 3.0056$，一致性检验 $CI = \frac{\lambda_{\max} - n}{n-1} = 0.0056$，$CR = \frac{CI}{RI} = 0.0048 < 0.1$，表

明判断矩阵B_3-C具有满意一致性，节能效益二级评价指标C_7、C_8、C_9的权重值依次为0.5954、0.1283、0.2763。

（4）节地效益评价指标

构造一级指标层节地效益B_4下的二级指标C_i（$i = 10,11$）的判断矩阵，具体见表9-6。

节地效益判断矩阵B_4-C　　　　　　　　　　　表9-6

B_4	C_{10}	C_{11}	ω_i
C_{10}	1	1/3	0.2500
C_{11}	3	1	0.7500

计算得出$\lambda_{max} = 2$，一致性检验$CI = \frac{\lambda_{max} - n}{n-1} = 0$，表明判断矩阵$B_4$-$C$具有满意一致性，节地效益二级评价指标$C_{10}$、$C_{11}$的权重值依次为0.2500、0.7500。

9.1.3　指标权重结果分析

总而言之，在高速铁路装配式桥梁智慧建造的经济效益评价指标的准则层中按权重值排序依次为节水效益、节能效益、节材效益和节地效益。郑济高铁智慧建造依靠新设备、新技术、新材料的应用以及合理规划土地资源，循环利用废水、砂石，实现节材节水节能节地以及降低能耗的目标。具体分析如下：

节水效益占比最大，这是由于本身建筑用水量在社会用水量中所占比例很大，智能建造过程中主要用水为施工用水和生活用水两方面。然而装配式建筑构件在工厂内加工完成，减少了混凝土养护工作与施工设备清洗的用水量。装配式的现场安装技术要求工作人员的专业性，工人专业性高则会采用节水系统以及节水器具，对其配置使用进行及时监察，并在施工现场建立可再利用水的收集处理系统，且优先采用经检测合格的非传统水。同时需要劳动人员少，如此大大减少了水资源浪费。例如，与传统桥梁桩基础施工方法相比，在砂土环境下，高速铁路桥梁基础大直径预应力管桩沉桩施工具有更快的施工速度，需要的工期更短，施工操作更简单，机械化作业水平更高，可以大大降低人力资源，节省大量的劳动资源与水资源。

次之为节能效益，由于装配式桥梁在建造的过程中使用的保温材料在项目的全生命周期中发挥的作用也是极大的。装配式桥梁施工过程中生活用电和工作用电多采用自动控制系统及设备，或采用无功补偿等相关措施以提高设备的能源使用效率。例如，施工通道区域采用声控延时等自动照明设备，对比传统建造模式，统计数据表明预制装配式技术确实有效减少了用电和能源消耗，促进了构件生产的标准化，加快了现场安装速度，更加节能环保。再比如，高速铁路桥梁预制空心墩柱流水线施工技术与传统现浇桥墩相比，大幅减少了劳动力，提升了资源利用率，机械化、自动化的施工生产模式也为墩柱的实体质量提供了保障。此种施工技术的生产效率相较于传统生产模式提升1～2倍，极大限度地缩短了施工周期，节约能源等大量的施工成本。对比结果显示单个墩柱施工采用工厂化自动化流水线预制能节约6915元成本，工程节约成本共计310万元。

与其占比相差不大的是节材效益，由于桥梁构配件工厂化加工处理，不仅可以通过就地取材，使用高性能材料以及进行节材设计实现材料使用质量和用量上的标准化。例如，采用节段预制拼装连续梁施工工艺，梁段采用生产线式预制，减少了材料浪费以及劳动量，还避免了不合格产品的产出。而且生产构配件人员的专业技术水平也较高，经过专业培训的员工能够按照计划图纸进行生产和安装，不仅节省了材料，工作准确率也有很大提升。

节地效益占比最小，基于前文对项目的介绍可知，郑济铁路濮阳至省界 PJSG- I 标段正线长度 19.975km，概算投资 13.4 亿元。标段内红线用地设计 539.325 亩，已征地 367 亩；标段内临时用地设计 471.8 亩，已征地 428.7 亩；施工便道设计 19.975km。尽管通过箱梁运梁架梁施工技术的应用，减少了大量的机械设备在运输过程中占有施工便道的情况，使得预制构件运架时不影响其他工点的施工，但受区域政策影响，郑济铁路项目施工中仅部分地形条件复杂，存在铁路建设红线用地，通过采用装配式桥梁智能建造来减少临时工程占用林地以及红线外施工便道较为有限。

9.2 社会效益

装配式桥梁智慧建造的社会效益是一种间接收益，也可以说是一种隐性收益，它是最容易被忽视的一种，但它贯穿于工程的整个生命周期，表现为新兴技术的推广应用和工作效率的提高。本节将对装配式桥梁智慧建造的社会效益进行评价和分析。

9.2.1 社会效益评价指标体系构建

1. 社会效益影响因素分析

社会效益是指最大限度地利用有限的资源满足社会上人们日益增长的物质文化需求，效益原理要点是社会总体利益出发来衡量的某种效果和收益。本书参考《国家优质工程奖综合评价细则》在科技进步方面的评价标准、《工程建设项目绿色建造施工水平评价方法》中技术创新与创效的评价指标以及《智慧工地建设评价标准》中科技创新应用推广方面的要求，将社会效益划分为行业发展效益和工程效益。行业发展效益体现在创新技术的推广应用以及相关专业人才发展培育。工程效益主要就是指对于工程实体以及工程现场施工方面，对工程的效益的体现，包括降低建设安全事故发生率、提高工程质量、提升现场文明施工程度、提高工作效率等。

2. 社会效益评价指标体系

根据社会效益影响因素的分析，社会效益主要通过创新技术的投入使用对建筑行业的发展提供新的技术和专业人才，同时提高工程效益，减低建设安全事故的发生率，提高工作效率，提高施工现场的文明施工程度。结合以往相关规范、标准，如《智能建筑设计标准》，梳理并构建社会效益的评价指标体系，具体见表9-7。

社会效益评价指标体系 表 9-7

准则层	一级指标层	二级指标层
社会效益A_3	行业发展效益B_7	技术创新C_{17}
		专业人才发展C_{18}

准则层	一级指标层	二级指标层
社会效益A_3	工程效益B_8	建设安全事故发生率C_{19}
		工程质量C_{20}
		现场文明施工程度C_{21}
		工作效率C_{22}

9.2.2 评价指标体系权重确定

采用层次分析法确定装配式桥梁智慧建造社会效益评价指标权重步骤如下。

1）构造准则层社会效益A_3下的一级指标B_i（$i = 7,8$）的判断矩阵。具体见表9-8。

社会效益判断矩阵A_3-B　　　　　　　　　　表9-8

A_3	B_7	B_8	ω_i
B_7	1	1/3	0.2500
B_8	3	1	0.7500

计算得出$\lambda_{max} = 2$，一致性检验$CI = \frac{\lambda_{max}-n}{n-1} = 0$，表明判断矩阵$A_3$-B具有满意一致性，社会效益一级评价指标$B_7$、$B_8$的权重值依次为0.2500、0.7500。

2）构造一级指标层下的二级指标的判断矩阵

（1）行业发展效益评价指标

构造一级指标层行业发展效益B_7下的二级指标C_i（$i = 17,18$）的判断矩阵，具体见表9-9。

行业发展效益判断矩阵B_7-C　　　　　　　　　　表9-9

B_7	C_{17}	C_{18}	ω_i
C_{17}	1	2	0.6667
C_{18}	1、2	1	0.3333

计算得出$\lambda_{max} = 2$，一致性检验$CI = \frac{\lambda_{max}-n}{n-1} = 0$，表明判断矩阵$B_7$-C具有满意一致性，行业发展效益二级评价指标$C_{17}$、$C_{18}$的权重值依次为0.6667、0.3333。

（2）工程效益评价指标

构造一级指标层工程效益B_8下的二级指标C_i（$i = 19,20,21,22$）的判断矩阵，具体见表9-10。

工程效益判断矩阵B_8-C　　　　　　　　　　表9-10

B_8	C_{19}	C_{20}	C_{21}	C_{22}	ω_i
C_{19}	1	4	3	2	0.4669
C_{20}	1/4	1	1/2	1/3	0.0953
C_{21}	1/3	2	1	1/2	0.1602
C_{22}	1/2	3	2	1	0.2776

计算得出$\lambda_{max} = 4.0311$，一致性检验$CI = \frac{\lambda_{max} - n}{n - 1} = 0.0104$，$CR = \frac{CI}{RI} = 0.0116 < 0.1$，表明判断矩阵$B_8\text{-}C$具有满意一致性，工程效益二级评价指标$C_{19}$、$C_{20}$、$C_{21}$、$C_{22}$的权重值依次为 0.4669、0.0953、0.1602、0.2776。

9.2.3 指标权重结果分析

由社会效益的二级指标的权重结果分析得知，装配式桥梁智慧建造的社会效益主要体现在工程效益方面，通过提升工作效率很大程度上减低了项目建设安全事故的发生率。预制装配式桥梁由装配式梁体、装配式桥墩和装配式墩台组成，装配式梁体采用节段拼装。随着起重设备能力的提升，大节段整体吊装方法等预制装配技术越来越多地用于桥梁建设，有效减少了拼接缝的数量。将装配式桥梁预制构件及主要的梁体制作转移到工厂内进行规格化生产，减少了现场施工的难度，在保证施工质量的同时，能够加快施工速度，大幅缩短工期，提高工作效率。

在技术方面，例如郑济铁路项目投入应用钻孔桩桩头钢筋隔离技术：用泡沫棉作为保护套，在桩基钢筋笼制作时，将桩顶设计标高 10cm 以上桩头钢筋套上保护套，使混凝土无法与钢筋接触，对钢筋不能产生握裹力和粘结力，可以有效避免桩头钢筋剥除时钢筋损伤，同时显著提高了桩头破除的工效。还采用大直径预应力管桩静压引孔沉桩施工技术：采用 ZYJ-1260BK 引孔式静力压桩机，兼备引孔和沉桩两种功能，可完成复杂地层引孔沉桩一体作业；其主要工作原理是：钻杆穿过预制管桩内孔，由动力头驱动钻杆在预制桩贯入面前端钻孔取土，降低压桩时挤土效应，提高预制桩在复杂地层的施工效率和沉桩率。相对于现场浇筑施工工艺，各种因素更加可控，能够有效避免混凝土长期使用的碳化裂化问题，混凝土的耐久性能更好，从而提高桥梁使用寿命。

此外，预制装配式桥梁施工现场作业工人数量少，且降低了工人劳动强度，能够有效减少安全事故的发生。例如，郑济铁路项目投入采取预制墩身内模自动开合技术：空心墩身自动开合内模主要由模板、电动推杆、导向销组成。内模由长度不等的若干节段组成，通过增减节段适应不同高度预制墩柱，采用电动推杆进行脱模及合模的动作，降低了操作工人的劳动强度，同时显著提高了模板开合的工效。使用高速铁路桥墩自动化预制施工技术工法，工艺成熟的模块化施工相对于传统的桥墩施工来说，它的施工周期更短，可以有效地节约人力和物力。在当今社会劳动力短缺的情况下，减少劳动力，适当增加机械，这是一种与现实社会相适应的一种大的改革创新，它具有与时代同步的意义，为今后国内预制桥墩的工厂化施工提供了一种可参考的施工技术。由于工程进度较快，从而较早地完成了业主的要求；预制桩施工对环境造成的污染很小，它可以避免大量泥浆排放造成的污染。在打桩过程中，采用微扰动施工技术，降低了沉桩施工对环境的影响，可以将其安全地打入到砂土之中。同时，还可以强化现场的环保措施，有效地保护了周围的地质环境。连续梁采用的节段预制拼装连续梁专项施工方案，即采用梁端预制、线性控制、造桥机辅助拼装，可以为以后的高速铁路桥梁连续梁部分提供一个参考。箱梁运梁架梁施工技术的成功应用标志着高速铁路桥梁装配化建设施工从预制到架设的全流程均实现了数智化，为今后类似环境下的高速铁路桥梁装配化施工奠定了基础，具有深远的历史意义。

在平台应用方面，装配式智能建造生产管控系统利用云服务和云间互联等技术，从人、机、料、法、环、测为施工企业提供施工风险管理、风险预警、安全管理、机械设备监控管理、工地环境监测、施工人员管理等行业服务。为施工企业提供综合的、全面、实时的管理服务，提升施工企业管理能力、管理效率，同时促进了数智化建造领域的大数据产业发展，打破传统管理模式间的数据资源壁垒，实现项目资源信息共享，促进管理优化升级，为智慧建造搭建了神经网络，助力于建筑施工企业在智能制造的大环境中向数智化方向进行产业升级。

9.3 环境效益

装配式桥梁智慧建造的环境效益是间接效益，它是经济效益和社会效益的基础，并伴随着经济效益的产生，主要表现为污染物减排、改善周边生态环境等。本节将对装配式桥梁智慧建造的环境效益进行评价和分析。

9.3.1 环境效益评价指标体系构建

1. 环境效益影响因素分析

环境效益属于隐形效益，主要是通过在施工过程中运用绿色技术而使其显现出来，为使其更好地被体现分析，可以对其量化处理使其能够被货币化体现。主要从污染物减排效益、生态效益进行影响因素分析。

《工程建设项目绿色建造施工水平评价办法》对工程的环境保护与安全方面进行绿色建造施工水平评价时的通用指标包含扬尘控制、有害气体排放控制、水土污染控制、光污染控制、噪声与振动控制等，对于铁路工程有其专项指标。

污染物减排效益主要体现在 CO_2 等减排量、污废水的处理上。在项目施工建设的过程中，项目的施工过程从建筑材料、机械设备的进场及运输到建设过程再到施工结束并投入生产使用都会产生大量的电力、煤炭等能源资源的消耗；此外，由于我国发电总体是以煤炭为主，在使用的过程中会产生大量的 CO_2、SO_2、NO_x 等气体，以及烟尘等颗粒污染物。施工过程中通过对多种创新技术的投入使用，可以有效减少能源资源的使用，从而降低大气污染物的排放量，减轻环境压力。CO_2、标准煤的减排、污废水处理的经济测算公式如下所示：

$$B_{CO_2} = P_{CO_2} \times Q_{CO_2} \tag{9-4}$$

式中：P_{CO_2}——每吨的处理费；

Q_{CO_2}——减少的排放量。

$$B_{CO_2} = P_{标准煤} \times Q_{标准煤} \tag{9-5}$$

式中：$P_{标准煤}$——标准煤的减排价值；

$Q_{标准煤}$——标准煤的减少量。

$$B_{污废水} = P_{污废水处理} \times Q_{污废水处理} \tag{9-6}$$

式中：$P_{污废水处理}$——污废水处理的单价；

$Q_{污废水处理}$——污废水处理的减少量。

而对废料的处理，按要求弃于指定弃土场，尽量减少对周围环境的污染。施工废水、生活污水不得直接排放，以免污染水源、耕种、灌溉渠道。

生态效益主要体现在噪声污染控制、扬尘控制、光污染控制上。

1）噪声污染控制

根据《中华人民共和国环境噪声污染防治法》规定，建筑施工过程中外界环境噪声昼间≤70dB（A）；夜间≤55dB（A）。夜间噪声最大声级超过限值的幅度不得高于15dB（A）。《建筑施工场界噪声限值》中对于施工现场具体施工阶段的噪声也进行了相关规定，土石方施工阶段，主要的噪声来源于推土机、挖掘机等，噪声限值昼间为≤75dB（A），夜间为≤55dB（A）；打桩施工阶段主要的噪声来源为各种打桩机等，噪声限值昼间为≤85dB（A），夜间禁止施工；结构施工阶段，主要噪声来源为振捣棒、电锯等，噪声限制昼间为≤70dB（A），夜间为≤55dB（A）。本书所分析的郑济铁路项目施工过程中，涉及强噪声的成品、半成品的加工主要是在车间内完成，减少因施工现场加工制作产生的噪声；施工过程中尽量选用低噪声或备有消声设备的施工机械；施工现场的强噪声机械设置封闭的机械棚以减少强噪声；加强施工机械的维修保养，缩短维修保养周期，使机械保持良好的运转状态，降低机械噪声；运输车辆噪声采取减低速度的方法进行控制，以此降低施工对周围整体环境的影响。

2）扬尘控制

工程项目施工现场会使用大量的水泥、石灰、粉煤灰等建筑材料，这些建筑材料都会产生大量的扬尘，而且建筑材料以及建筑垃圾在运输过程中也会产生扬尘。而当灰尘中粒子为20～50μm时会在人体上呼吸道沉着，<5μm时直达人体肺部，粒子的水溶会破坏身体组织部位，引发过敏、炎症等不良反应，影响人体健康。预制构件的生产过程中会使得水泥、石灰等建筑材料的投入使用量减少，并且在运输、堆放等过程中会减少大量的灰尘和尾气。

3）光污染控制

应根据现场和周边环境采取限时施工、遮光和全封闭等避免或减少施工过程中光污染的措施；夜间室外照明灯应加设灯罩，光照方向应集中在施工范围内；在光线作用敏感区域施工时，电焊作业和大型照明灯具应采取防光外泄措施。

2. 环境效益评价指标体系

根据环境效益影响因素的分析，环境效益主要表现在减少污染物排放、改善周围生态及生活环境方面。结合以往相关规范、标准，如《"十四五"节能减排综合工作方案》，梳理并构建环境效益的评价指标，具体见表9-11。

环境效益评价指标体系　　　　　　　　　　　　　　　　　　表9-11

准则层	一级指标层	二级指标层
环境效益A_2	污染物减排效益B_5	CO_2等减排量C_{12}
		污废水的处理C_{13}
	生态效益B_6	噪声污染控制C_{14}
		扬尘控制C_{15}
		光污染控制C_{16}

9.3.2　评价指标体系权重确定

采用层次分析法确定装配式桥梁智慧建造社会效益评价指标权重步骤如下。

1）构造准则层环境效益A_2下的一级指标B_i（$i = 5,6$）的判断矩阵

环境效益判断矩阵A_2-B具体见表9-12。

环境效益判断矩阵A_2-B　　　　　　　　　表 9-12

A_2	B_5	B_6	ω_i
B_5	1	5	0.8333
B_6	1/5	1	0.1667

计算得出$\lambda_{\max} = 2$，一致性检验$CI = \frac{\lambda_{\max} - n}{n - 1} = 0$，表明判断矩阵$A_2$-$B$具有满意一致性，环境效益一级指标$B_5$、$B_6$的权重值依次为 0.8333、0.1667。

2）构造一级指标层下的二级指标的判断矩阵

（1）污染物减排效益评价指标

构造一级指标层污染物减排效益B_5下的二级指标C_i（$i = 12$，13）的判断矩阵，具体见表9-13。

污染物减排效益判断矩阵B_5-C　　　　　　　　　表 9-13

B_5	C_{12}	C_{13}	ω_i
C_{12}	1	3	0.7500
C_{13}	1/3	1	0.2500

计算得出$\lambda_{\max} = 2$，一致性检验$CI = \frac{\lambda_{\max} - n}{n - 1} = 0$，表明判断矩阵$B_5$-$C$具有满意一致性，污染物减排效益二级评价指标$C_{12}$、$C_{13}$的权重值依次为 0.7500、0.2500。

（2）生态效益评价指标

构造一级指标层生态效益B_6下的二级指标C_i（$i = 14,15,16$）的判断矩阵，具体见表9-14。

生态效益判断矩阵B_6-C　　　　　　　　　表 9-14

B_6	C_{14}	C_{15}	C_{16}	ω_i
C_{14}	1	2	1/2	0.2970
C_{15}	1/2	1	1/3	0.1634
C_{16}	2	3	1	0.5396

计算得出$\lambda_{\max} = 3.0092$，一致性检验$CI = \frac{\lambda_{\max} - n}{n - 1} = 0.0046$，$CR = \frac{CI}{RI} = 0.0079 < 0.1$，表明判断矩阵$B_6$-$C$具有满意一致性，生态效益二级评价指标$C_{14}$、$C_{15}$、$C_{16}$的权重值依次为 0.2970、0.1634、0.5396。

9.3.3 指标权重结果分析

环境效益下的二级指标中污染物减排的权重值更大，主要受到创新技术的应用影响，表现较好。由于预制拼装施工将现场工艺大多转移到工厂，施工现场只需要进行安装连接，因此对环境影响小，污染物减排效益显著，且尤其适用于如郑济铁路项目等复杂交通环境下的跨线桥施工，符合可持续化建造理念，也与目前的低碳减排理念相契合。

例如，在郑济铁路项目投入采取高速铁路桥梁墩梁一体化架设施工技术：研制应用了国内首台高铁预制桥墩专用 JD90 型架墩机，该设备与既有搬运机、提梁机、运梁车和架桥机组成墩梁一体化架设成套设备。首创了高速铁路墩梁一体架设施工工法，实现了预制墩柱、墩帽线上高效运输，桥墩精准拼装、箱梁一体化架设，实现了上跨桥梁不占用车道不中断交通的无干扰快速化施工，实际施工工期缩短至 30 个月，有效降低了因交通拥堵带来的碳消耗和碳排放，社会效益显著。

高速铁路预制桥墩的工厂化施工生产模式，使得施工结束后模板的周转次数较少，提高了模板的使用寿命，可以有效地控制生产过程中的废水、废料、废气，大大减少了对环境的污染。利用大直径预应力管桩施工工艺进行施工，可节约大量建筑废弃物，同时也可避免大量排泥造成的环境污染，达到"低碳"的建设目的。

此外，采用生产线式预制工艺，预制模板重复利用率高，相关预制所用的材料浪费较少，减少了建筑废料对环境的污染。高速铁路桥梁墩梁一体架设施工采用梁面运输的方式，减少了便道运输产生的尘土污染。整个运架过程中机械化利用率高、转换能效高，相比传统运架方式能极大程度上减少废气的排放量，降低了对环境造成的污染。

9.4 综合效益评价

"效益"的输出通常包含经济、社会和环境三个层面，输出的形式可以是直接的，也可以是间接的；可以是有形的，也可以是无形的。就建设项目来说，其综合效益是指项目本身得到的可以用价值形式量化的直接效益、由项目引起的难以量化的环境、社会等间接效益，或项目对国民经济所做的贡献。与传统施工方式相比，装配式桥梁智慧建造可以利用新兴技术，有效地减少资源消耗，减少环境污染，可以达到经济效益、社会效益和环境效益等多方面的统一。根据综合效益的构成角度和效益性质的差异，将装配式桥梁智能建造综合效益的表现形式分为两种，一种是直接效益，一种是间接效益。直接效益表现为经济效益，间接效益包含环境效益和社会效益。本节将对装配式桥梁智慧建造的综合效益进行评价和分析。

9.4.1 综合效益评价指标体系构建

1. 综合效益影响因素的选取

高速铁路装配式桥梁智慧建造的综合效益主要构成包括经济效益、环境效益和社会效益三个方面，并对相关参考文献以及实地调研实习的情况初步分析，选取可靠的影响因素，具体见表9-15。

影响因素构成

表 9-15

效益系统	效益类别	影响因素
经济效益	节材效益	就地取材
		高性能材料
		节材设计
	节水效益	节水器具
		非传统水源利用
		供排水系统
	节能效益	节能照明系统
		高效用能设备及系统
		新能源利用
	节地效益	场地规划与设计
		现场临时占地
环境效益	污染物减排效益	CO_2 等减排量
		污废水的处理
	生态效益	噪声污染控制
		扬尘控制
		光污染控制
社会效益	行业发展效益	技术创新
		专业人才发展
	工程效益	建设安全事故发生率
		工程质量
		现场文明施工程度
		工作效率

2. 综合效益评价指标体系

本书从经济、环境和社会三个角度构建了综合效益的评价指标体系，该体系分为四个层次：目标层、准则层、一级指标层和二级指标层，其中包含 8 个一级指标，22 个一级指标下的二级指标，具体见表9-16。

高速铁路装配式桥梁智慧建造综合效益指标体系

表 9-16

目标层	准则层	一级指标层	二级指标层
高速铁路装配式桥梁智慧建造综合效益Z	经济效益A_1	节材效益B_1	就地取材C_1
			高性能材料C_2
			节材设计C_3

目标层	准则层	一级指标层	二级指标层
高速铁路装配式桥梁智慧建造综合效益Z	经济效益A_1	节水效益B_2	节水器具C_4
			非传统水源利用C_5
			供排水系统C_6
		节能效益B_3	节能照明系统C_7
			高效用能设备及系统C_8
			新能源利用C_9
		节地效益B_4	场地规划与设计C_{10}
			现场临时占地C_{11}
	环境效益A_2	污染物减排效益B_5	CO_2等减排量C_{12}
			污废水的处理C_{13}
		生态效益B_6	减低噪声污染C_{14}
			扬尘控制C_{15}
			减少光污染C_{16}
	社会效益A_3	行业发展效益B_7	技术创新C_{17}
			专业人才发展C_{18}
		工程效益B_8	建设安全事故发生率C_{19}
			工程质量C_{20}
			现场文明施工程度C_{21}
			工作效率C_{22}

9.4.2 评价指标体系权重确定

基于前文对高速铁路装配式桥梁智慧建造综合效益影响因素的分析及构建的高速铁路装配式桥梁智慧建造综合效益指标体系，结合郑济铁路项目进行具体分析，根据在项目上实习过程中所了解的以及工作同事的介绍和分析，对评价指标进行排序分析和赋值判断，采用层次分析法（AHP）计算指标权重。

1）构造准则层A_i（$i=1,2,3$）对于目标层Z的判断矩阵。具体见表9-17。

准则层判断矩阵Z-A_i 表 9-17

Z	A_1	A_2	A_3	ω_i
A_1	1	3	4	0.6144
A_2	1/3	1	3	0.2684
A_3	1/4	1/3	1	0.1172

计算得出$\lambda_{max} = 3.0735$，一致性检验$CI = \frac{\lambda_{max}-n}{n-1} = 0.0368$，$CR = \frac{CI}{RI} = 0.0634 < 0.1$，表明准则层判断矩阵具有满意一致性，准则层$A_1$、$A_2$、$A_3$的权重值依次为 0.6144、0.2684、0.1172。

2）根据前文公式计算出各指标层对于目标层的总排序权重。结果如下：

（1）准则层

准则层	权重	总排序
经济效益A_1	0.6144	1
环境效益A_2	0.2684	2
社会效益A_3	0.1172	3

（2）一级指标

一级指标层	A-B权重	总权重排序	总排序
节材效益B_1	0.1137	0.0699	5
节水效益B_2	0.6184	0.3799	1
节能效益B_3	0.2117	0.1301	3
节地效益B_4	0.0562	0.0345	7
污染物减排效益B_5	0.8333	0.2237	2
生态效益B_6	0.1667	0.0447	6
行业发展效益B_7	0.2500	0.0293	8
工程效益B_8	0.7500	0.0879	4

（3）二级指标

二级指标层	B-C权重	总排序权重	总排序
就地取材C_1	0.5815	0.0406	8
高性能材料C_2	0.3090	0.0216	13
节材设计C_3	0.1095	0.0077	21
节水器具C_4	0.5396	0.2050	1
非传统水源利用C_5	0.2970	0.1128	3
供排水系统C_6	0.1634	0.0621	5
节能照明系统C_7	0.5954	0.0775	4
高效用能设备及系统C_8	0.1283	0.0167	15
新能源利用C_9	0.2763	0.0359	9
场地规划与设计C_{10}	0.2500	0.0086	19
现场临时占地C_{11}	0.7500	0.0259	10
CO_2等减排量C_{12}	0.7500	0.1678	2
污废水的处理C_{13}	0.2500	0.0559	6
减低噪声污染C_{14}	0.2970	0.0133	17
扬尘控制C_{15}	0.1634	0.0073	22

二级指标层	B-C权重	总排序权重	总排序
减少光污染C_{16}	0.5396	0.0241	12
技术创新C_{17}	0.6667	0.0195	14
专业人才发展C_{18}	0.3333	0.0098	18
建设安全事故发生率C_{19}	0.4669	0.0410	7
工程质量C_{20}	0.0953	0.0084	20
现场文明施工程度C_{21}	0.1602	0.0141	16
工作效率C_{22}	0.2776	0.0244	11

9.4.3 指标权重结果分析

在所建立的指标体系的基础上，并结合本项目所采用的各项技术方案，利用 AHP 方法对指标体系的权重进行计算，根据所得到的指标权重结果进行分析，总结如下。

1. 经济效益

在高速铁路装配式桥梁智慧建造的综合效益评价指标的准则层面上，经济效益的权重所占的比例最大，说明两者之间存在着紧密的联系。相对于环境效益和社会效益，经济效益的表现更加直接。在经济效益准则层中权重值排序依次为节水效益、节能效益、节材效益和节地效益。

2. 环境效益

在准则层中，环境效益的权重排名第二，但是与经济效益相比，环境效益所占权重并不显著，因而说明了项目的环境效益对综合效益的影响较小。环境效益的下一级指标中污染物减排的权重值更大，主要受到创新技术的应用影响，因此表现较好，同时与目前的低碳减排理念相契合。

3. 社会效益

与经济效益、环境效益相比，社会效益在准则层上的权重最小，且作为隐性效益，很难被定量，因而对其进行评价也存在一定的困难。社会效益的二级指标的权重结果经分析可知，装配式桥梁智慧建造提升了工作效率的同时，很大程度地减低了建设安全事故的发生率。

9.5 增量效益评价

增量效益是指在相同的建筑物上，采用组合施工方式，相对于常规现浇施工方式，其生命周期内可获得更多的收益。装配式智慧建造带来的增量收益不能与传统施工模式带来的收益之差进行简单地类比。在本节中，与传统桥梁建设方式相比，装配式桥梁智慧建造的增量效益指的是桥梁工程采用装配式桥梁智慧建造的方式在全生命周期内由于工期缩短、节约能源和材料、污染物排放减低等各方面所导致的费用减低。本节将对装配式桥梁智慧建造的增量效益进行计算和评价。

9.5.1 增量效益分析

1. 增量效益

结合装配式施工技术特征，将装配式桥梁智慧建造的增量效益划分为经济效益、环境效益和社会效益三个方面。

$$B_{增量效益} = B_{经济效益} + B_{环境效益} + B_{社会效益} = B_{直接经济效益} + B_{间接经济效益} \tag{9-7}$$

经济效益指的是一个工程项目从项目构思到项目完成并投入使用，一直到项目生命周期结束，整个过程中产生的所有能够减少资本消耗的货币总额，它包含建设阶段的经济效益和运营阶段的经济效益。建设期的经济效益是指在建设过程中，对建设项目所产生的各项成本，如施工能耗、材料成本、组织管理成本等方面所产生的效益。运营期的经济效益主要体现在运营期内各项成本的节约，包括建筑能耗的节约、维护成本的节约、运营成本的节约等。

装配式桥梁智慧建造的增量效益的直接经济效益主要来源于创新技术的使用所产生的费用减低、作业人员的减少。不同创新技术的使用所带来费用降低程度也不同。因而要针对具体技术进行分析。

装配式桥梁智慧建造的增量效益的间接经济效益包括社会效益和环境效益。间接增量效益的计算，即利用相关性的方法，对环境效益和社会效益两方面的效益内容进行量化测算。

环境效益指的是工程项目在其整个生命周期中，对环境产生的潜在和显在的有利影响，它指的是工程建设对环境产生的积极影响，工程项目的实施有利于减少污染物排放，或者降低对环境的损耗，例如减少污染的排放量、降低环境修复成本等。与传统的建造方式相比，装配式桥梁智慧建造所产生的环境效益主要是因为其构件的工业化生产能够对施工现场的环境、污染物的排放等进行控制，减少对环境的影响，从而节约全社会各方对保护环境、治理环境的成本，而这些所省的环境成本正是装配式桥梁智能建造所带来的环境效益。

社会效益是指人们的社会实践活动对社会发展所起的积极作用或产生的有益效果。在本书中，所涉及的社会效益主要是针对装配式桥梁施工方面所产生的社会效益，例如行业发展效益、工程效益等。

对比装配式桥梁智慧建造方式与传统桥梁建造方式，装配式桥梁智慧建造的使用效果为节能降碳效果明显，环境效益显著。结合项目具体数据，主要体现在 CO_2 的排放和标准煤的使用两个方面，通过计算减少 CO_2 的排放而节省的 CO_2 排放处理费和标准煤的减少费用。

$$B_{间接经济效益} = B_{CO_2} + B_{标准煤} \tag{9-8}$$

$$B_{CO_2} = P_{CO_2} \times Q_{CO_2} \tag{9-9}$$

式中：P_{CO_2}——每吨 CO_2 的处理费；

$\quad\quad Q_{CO_2}$——CO_2 减少的排放量。

$$B_{标准煤} = P_{标准煤} \times Q_{标准煤} \tag{9-10}$$

式中：$P_{标准煤}$——标准煤的减排价值；

$Q_{标准煤}$——标准煤的减少量。

2. 构建增量成本效益模型

将时间等多种因素进行综合考量，总结和整理出装配式桥梁智慧建造全生命周期各部分增量成本效益的分析模型。在该模型中，所有效益都由 SE 和 CE 两个不同的指标来体现，它们的计算公式具体如下：

$$SE = NPV_{增量效益} - NPV_{增量成本} \tag{9-11}$$

$$CE = \frac{SE}{NPV_{增量成本}} \tag{9-12}$$

式中：SE——装配式桥梁智慧建造全生命周期增量成本效益；

$NPV_{增量效益}$——装配式桥梁智慧建造全生命周期增量效益现值；

$NPV_{增量成本}$——装配式桥梁智慧建造全生命周期增量成本现值；

CE——装配式桥梁智慧建造全生命周期增量成本效益比。

当上述公式的计算结果 SE 大于 0，CE 大于 1，则说明项目采用装配式桥梁智慧建造方式在经济上具有可行性。

3. 增量效益分析

结合前文分析可知郑济铁路项目的增量效益也包括间接经济效益和直接经济效益。

直接经济效益源于创新技术使用所带来的经济效益，$B_{直接经济效益} = 390 \times 613 + 6915 \times 61 \times 2 + 9851 \times 544 + 5419 \times 19.975 = 6549888.525$

技术分析可知 CO_2 和标准煤的节省量，如图 9-1 所示，CO_2 每吨的处理成本为 350 元，我国标准煤的减排价值为 733.5 元/kg，因此，$B_{间接经济效益} = 350 \times (433.2 - 274.4) + 733.5 \times 1000 \times (202.8 - 71.7) = 96217430$

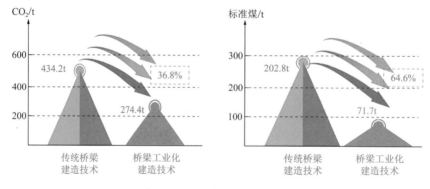

图 9-1　CO_2 和标准煤减排状况

综上，增量效益：$B_{增量效益} = B_{直接经济效益} + B_{间接经济效益} = 6549888.525 + 96217430 = 102767318.525$

9.5.2 增量成本效益模型分析

基于第 8 章对于增量成本的分析，为了减少资金时间价值的影响，在对郑济铁路项目进行成本效益分析的时候，需要计算出增量成本和增量效益的现值。本书的基准折现率考虑为 12%，建设周期历时 30 个月，月基准折现率为 12.7%（ΔC 为装配式桥梁智慧建造全生命周期增量成本）。

$$NPV_{增量成本} = \Delta C \times (P/F, 12.7\%, 30) = 102640667.1 \times 0.0291 = 2986843$$

$$NPV_{增量效益} = B_{直接经济效益} + B_{间接经济效益} \times (P/F, 12.7\%, 30)$$
$$= 6549888.525 + 96217430 \times 0.0291 = 9349815.738$$

$$SE = NPV_{增量效益} - NPV_{增量成本} = 9349815.738 - 2986843 = 6362973 > 0$$

$$CE = \frac{SE}{NPV_{增量成本}} = \frac{6362973}{2986843} = 2.1 > 1$$

对项目进行增量成本和效益的合理测算，基于全生命周期理论，核算增量效益和增量成本，通过计算得到郑济铁路濮阳至省界 PJSG-Ⅰ标段项目的综合效益为 6362973 元，综合效益现值是增量成本的 2.1 倍，由此可以说明该项目在经济上是可行的。

总体而言，基于第 8 章对装配式桥梁智慧建造投入成本管理的分析，可知装配式桥梁智慧建造能显著降低建造成本，缩短工期，提高工程建设与管理效率，提升质量，进而提升高速铁路智能化发展水平。因此，近年来我国采取一系列政策举措以支持高速铁路装配式桥梁、智慧建造的发展及投入使用。然而当前还存在以下问题亟待解决：高速铁路装配式桥梁结合智慧建造投入使用的工程项目相对较少；无法准确评估高速铁路装配式桥梁智慧建造效益将阻碍其发展进程；尚未分析装配式桥梁智慧建造的全生命周期各阶段的增量效益考量其经济可行性。

针对以上问题，结合智慧建造背景，高速铁路装配式桥梁如果想通过统筹整合技术集成与管理工作，谋求实质性的更大发展，必须加强对装配式桥梁施工产生的综合效益、经济效益、社会效益、环境效益以及增量效益进行有效的评价分析与研究，以期能够为高铁智能化发展提供有效的参考依据。因此，本章以郑济高铁智慧建造为典型案例，对装配式桥梁智慧建造综合效益、经济效益、社会效益、环境效益以及增量效益进行评价研究，通过对效益的评估为高速铁路智能化发展提供建议。

第 10 章

展 望

10.1 装配式桥梁智慧建造技术发展趋势

高速铁路装配式桥梁建设中，为避免传统施工方法产生的弊端，采用标准化设计、工厂化生产、装配化施工的桥梁施工技术能有效缩短施工工期，提高施工质量，减少环境污染。预制装配化施工技术基于"创新、协调、绿色、开放、共享"的新发展理念，具有"一优、二减、三节、四降"的优势。装配式桥梁智慧建造的基础是充分利用智能技术，郑济铁路是装配式技术在高速铁路中首次大规模应用。例如，采取高速铁路桥梁墩梁一体化架设施工技术，应用钻孔桩桩头钢筋隔离技术以及箱梁运梁架梁施工技术等多种方式实现。未来应当关注装配式桥梁智慧建造技术应用、智慧化管理、平台搭建和成本效益四方面。

10.1.1 发展现状

在技术攻关方面，目前关注推动高速铁路桥梁建造技术的智慧化转型与革新，挖掘应用高速铁路装配式桥梁智慧建造一体化的关键技术难点，针对性、创新性地提出高速铁路桥墩自动化预制施工技术、管桩静压引孔沉孔施工技术、节段拼装造桥机拼装技术、箱梁运梁架梁施工技术等技术应用，实现桥梁构件的标准化和智慧化制造。在智慧化管理方面，目前数智化预制场采用 BIM、物联网技术（Mobile）、云技术（Cloud）等新技术以及智能设备配合施工工序管理，集成信息化系统，进行工程管理、可视化监控和现场安全质量管理；数智化梁场管理以 BIM 模型为核心，对梁场生产全过程中的生产工艺、人材机、厂区管理、智能生产、动态监测以及文档资料、现场图片等信息进行融合，辅助生产计划的动态调整和优化，实现降本增效；数智化预制墩场通过引入新一代信息化技术，形成预制桥墩排产、生产执行、工艺控制、台座利用、报表生成等在线应用管理，实现全生命周期智慧化管控。在平台搭建方面，当前引入移动互联网、云计算、二维码、物联网等新一代信息化技术，搭建预制构件生产、施工现场等智能施工管理平台，建立与项目特点相适应的智慧化项目平台，通过数据动态管理系统、协同设计与施工平台以及移动端监测与管理应用等模块的有机组合，实现设计、生产、运营各环节的信息共享和协同工作，使得质量、安全、进度、资源、成本等管理都得到有效保证。在成本效益方面，以郑济铁路项目为例，构建装配式桥梁智慧建造综合效益、经济效益、社会效益、环境效益以及增量效益的评价指标体系，并进行有效的评价分析与研究。尽管装配式桥梁智能建造技术在郑济高铁上在管理、平台、技术、成本效益等方面的成功应用，将产生联动和示范效应，增加铁路桥梁建造方式的多样性，更适应城市区域、环境保护区等环境下对工程施工快速、环保、低噪声等高标准要求，但是依旧存在针对高铁工程不同应用场景下装配式桥梁智慧建造技术研究与应用的点状化、碎片化。

总体而言，装配式智慧建造技术的推广应用，是打造智慧大交通的必然趋势，更是实现高质量发展的必经之路。未来，将以郑济高铁项目的智慧建设为起点，立足行业发展新趋势及国家基础设施建设新需求，不断提升预制装配业务核心竞争力。高速铁路装配式桥梁智慧建造坚持以科技创新催生新发展动能，抢抓装配式桥梁施工发展机遇，全面开展装配式桥梁智能建造一体化技术、装备智能化应用技术研发，加速推动高质量科技成果的落地应用，为工程的高效开展提供强大科技支撑。进而形成品牌效应，为奋进百年新征程、助力高速铁路装配式桥梁智慧建造、实现"碳达峰"和"碳中和"的目标贡献力量。

未来装配式建筑智慧建造技术的发展趋势，可以归纳为四点：技术集成化、管理精细化、平台智能化、效益最优化。技术集成化，主要是应用系统与生产过程两个方面的技术集成，实现应用系统使用单点登录、数据多应用共享、支持多参与方协同工作以及设计—生产—施工一体化，可以采用 EPC 模式、集成化交付模式等。管理精细化，一方面是管理对象细化到每一个部品部件，另一方面是施工细化到工序。通过严格的流程化、前置化管理降低风险，做到精益建造。平台智能化搭建在管理过程中代替或者辅助人进行决策。在作业过程中，有类人工厂和现场的作业，实现智慧化平台管控，如在现场作业可能用到 3D 打印，在工厂里面普遍采用机器人，减少人工。效益最优化，一是最优化的设计方案；二是最优化的作业计划；三是最优化的运输计划，提高生产效率，降低生产成本，实现效益的最优化。

谢轶莎等学者研究装配式轻钢轻混房屋及智慧建造技术体系研究表明，装配式桥梁智慧建造技术体系建设可以基于产品思维，以钢结构为结构体系、研发标准化的装配式节点构造，结合新型桥墩材料技术、配套自动化生产和安装工艺及基于 BIM 技术的智慧建造信息化系统，最终实现装配式桥梁的成品交付与造价、质量可控。中国铁路郑济铁路濮阳至省界 PJSG-Ⅰ标项目部为进一步提高预制装配式结构施工质量、降本增效，推行"设计、生产、施工"一体化数字协同应用发展，促进行业数字化、网络化、智能化取得突破性进展，提升数据资源利用水平和信息服务能力，拟搭建智慧建造技术体系。通过研究与示范，该技术体系具有造价、质量与性能优势，适用于高速铁路装配式桥梁智慧建造，可解决项目规模大、造价低、工期短等难点，通过测算郑济高铁项目指标，说明该技术体系具有显著的社会经济效益，具有广阔的市场前景，如图 10-1所示。

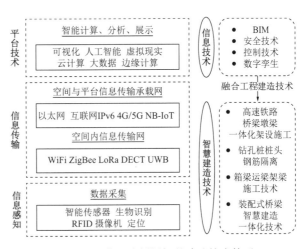

图 10-1 装配式桥梁智慧建造技术体系

10.1.2 应对策略

在装配式桥梁智能建造过程中，由于存在点状化、碎片化应用现象较普遍的这些障碍，缺少全局性、系统性规划，这种现状难以支撑高速铁路智能建造的高质量发展。为破除这些障碍，需要从行业、企业与项目三方面考虑。

第一，加快建筑行业系统性思维转变。要从建筑企业或者整个行业的角度制定发展规划，一体化思考。现在行业和企业里普遍存在一个误解，一说到信息化、智能建造、数字化转型，就觉得是信息部门的事，其实这是比较片面的。

智能建造、数字化转型一定是全系统的事。智慧建造技术也是为装配式桥梁服务，为高速铁路智能建造赋能的，信息化只是手段，核心内核还是业务，以及工程管理。

第二，建筑企业借助"外脑"。要实现高速铁路智能建造或者智能化升级，单纯靠企业自身，难度非常大，投入也大。借助"外脑"一方面可以避免重复投入，另一方面可以站在前人肩膀上，借鉴同行的经验，制定符合企业实际的发展策略。

第三，加快项目层面的智慧建造技术升级。包括硬件和软件的投入、经费的投入、人才的培养等。当然数字化转型是"一把手工程"，也需要一把手亲自抓。但是这种投入有可能在短期内，难以实现立竿见影的效果，但需要做到坚持持续投入。

基于此，未来的装配式桥梁智慧建造急需从以下四方面着手展开实施：

第一，在技术应用方面，加快装配式桥梁智慧建造技术体系化建设，借鉴同行经验，形成较为完善的适用于企业与行业的技术标准体系、科技支撑体系、产业配套体系等，把高铁装配式桥梁智能建造做成一个系列化的技术产业来推进，运用智慧建造技术打通建造施工各个环节，实现装配式全产业链数字化施工。

第二，在智慧化管理方面，加大简支箱梁、桥墩、轨道板（枕）、附属构件等大、中、小型系列混凝土构件智能工厂化生产的智慧化管理投入与专业化管理人才培养,采用BIM、数据管理与服务、移动应用与物联网技术、云计算、大数据等新技术，以及智能设备配合施工工序管理，集成信息化系统，进行工程管理、可视化监控和现场安全质量管理，使数据采集更精准、管理协同更高效、过程预测更智慧。

第三，在平台搭建方面，综合应用BIM、物联网、人工智能等先进技术，有机串联施工管理任务，涵盖生产管理、原材料管理、现场管理、人员管理、实验室管理，建设数字化、智慧化、综合化的管理系统平台，实现全自动流程化管控，提升装配式桥梁智慧建造管理效率，有效地实现数智化的平台管理。例如，设计并开发基于BIM和GIS技术的高速铁路装配式桥梁信息化施工管理平台，包括数据采集层、数据资源层、服务层、应用层、访问层，如图10-2所示。其中，数据采集层负责本平台与外部自动化加工设备、监控设备、工程机械车辆的关联，作为其统计分析的原始数据入口；数据资源层将平台所需数据分为空间和属性两类，前者以三维模型的形式呈现，后者以非几何信息的形式附属于三维空间，存储于服务器和数据库中，并基于防火墙保障信息安全；服务层是对业务逻辑独立化的封装，每个服务都是独立的模块，从逻辑层面为系统功能的实现提供技术支撑，包括三维地理信息服务、数据管理服务等；应用层是平台功能的直接外在表现形式，包括综合管理、技术管理、现场管理等模块；访问层为终端用户提供通过不同终端和网络的访问方式。

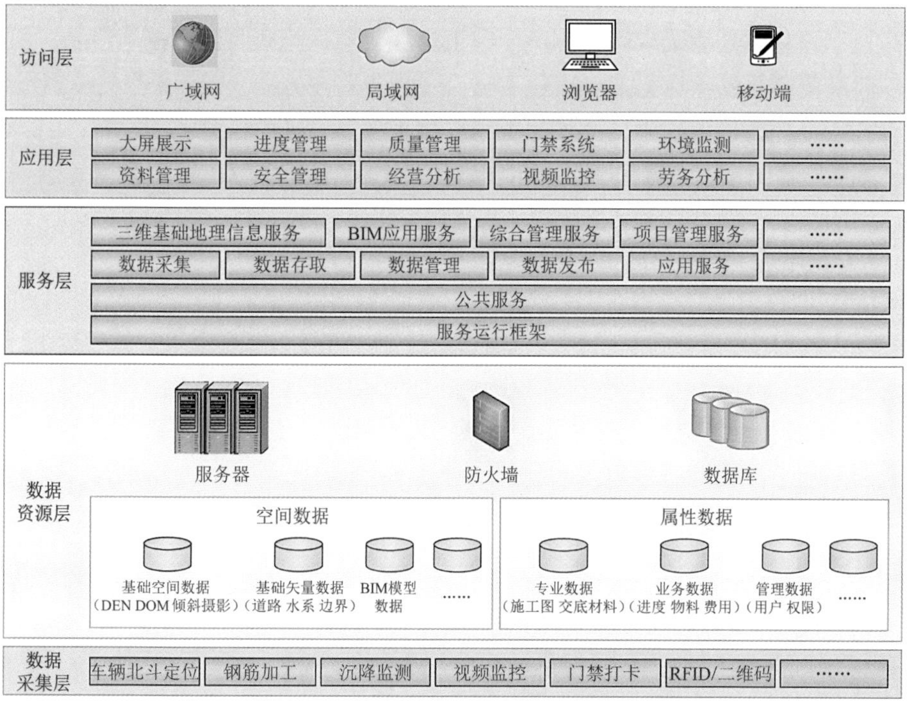

图 10-2　平台整体架构

第四，在成本效益方面，通过引入移动互联网、云计算、二维码、物联网等新一代信息化技术，将标准化的业务流程以及管控指标进行信息化改造，对施工全过程中的施工工艺、人材机、厂区管理、智能施工、动态监测以及文档资料、现场图片等信息进行融合和在线应用管理。通过动态信息更新、统计报表及数据分析等环节实现管理辅助决策功能，完成施工计划的动态调整和优化，对于降低高铁智能化建造成本，推动高铁智能化建造水平的提升，更多高铁智能建造成果落地，最终实现建筑业全面升级和优化具有重要意义。

10.1.3　未来体系建设

当前，以物联网、大数据、人工智能为典型代表的新一轮科技革命和产业变革的浪潮正在席卷全球。在此背景下，建筑业作为占全球 GDP 的 6%、拥有超过 1.8 亿从业人员的支柱产业，也必须顺应发展趋势，朝着信息化、数字化和智能化的方向发展。而装配式桥梁作为一种新型的建造方式，具有设计标准化、制造工厂化、施工装配化等特点，同时具备信息化和工业化的双重属性，必将在未来建筑产业发展过程中占据越来越重的分量。《国务院办公厅关于大力发展装配式建筑的指导意见》（国办发〔2016〕71 号）及 2017 年住房和城乡建设部与国务院办公厅印发的相关政策明确提出，要将 BIM 全面推广应用于装配式建筑中，将建筑业发展成绿色建筑，提高建设项目管理水平，使得建设项目全生命周期更加科学高效，即"智慧建造"。装配式建筑行业的智慧化是一体化和全面智慧化，而不是单点或单方面的技术应用。由于装配式桥梁智慧建造技术体系化建设在国内尚无先例，在此基础上建立一套有效合理的装配式桥梁智慧建造技术体系，推动高速铁路装配式桥梁的发展十分必要。因此，研究装配式桥梁智慧建造技术体系应当涵盖建筑全生命周期中的应用，来建立高速铁路装配式桥梁设计、生产、施工管理全过程的智慧建造技术体系，不仅能够为高速铁路装配式桥梁项目的发展提供十分必要的思路和方向，也将成为今后建筑行业内一次具有开创精神的积极探索，对类似工程提供了宝贵的可循经验。

先进适用的装配式桥梁智慧建造技术体系标准化建设需要夯实标准化和数字化基础。包括（1）完善模数协调、构件选型等标准，建立标准化部品部件库，推进建筑平面、立面、部品部件、接口标准化，推广少规格、多组合设计方法，实现标准化和多样化的统一；（2）加快推进建筑信息模型（BIM）技术在工程全寿命期的集成应用，健全数据交互和安全标准，强化设计、生产、施工各环节数字化协同，推动智慧建造全过程数字化成果交付和应用；（3）完善装配式桥梁施工图设计文件编制深度要求，探索装配式桥梁人工智能技术在设计中应用，提升精细化设计水平，为后续精细化生产和施工提供基础，并推进勘测过程中的智慧建造。

1. 高速铁路装配式桥梁智能设计阶段

在装配式桥梁的设计阶段，主要是以建筑信息模型（BIM）技术为核心，辅以地理信息系统（GIS）技术和虚拟现实（VR）技术的智能化设计体系。

装配式结构体系与传统建筑在 BIM 设计中最大的不同在于完成构件的深化设计，即装配式构件的拆分设计、尺寸设计、碰撞检查等方面的深化设计。拆分设计是在综合模型设计完成基础上的二次设计，在预制部位设定拆分构件的类型和尺寸进行预制构件的拆分。进行构件拆分时创建工程"族"进行构件拆分与细部管理，BIM 软件将二维模型转化为三维模型进行碰撞检查，碰撞检查可以减少构件碰撞造成的变更与返工，提高工作效率，降低工程造价。

预制构件拆分工作完成后，可直接生成预制构件施工图进行加工生产，也可运用 BIM 软件进行二次开发，生产各种拆分方案，实现构件可视化和材料工程量的统计。BIM 技术的使用有助于简化设计流程，提高设计效率，实现全生命周期数据共享。

利用 VR 技术在设计阶段创建虚拟模型，成为建筑方案设计、装修效果展示、方案投标、方案论证及评审等的有力工具。将 BIM 设计好的模型导入 GIS 中进行建筑物的建筑密度与容积率计算、通视分析、日照分析及建筑规划方案对比分析等，GIS 的空间分析功能可以在数据和模型的支持下，使建筑规划、设计的决策过程更加高效，如图 10-3 所示。

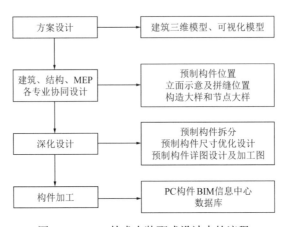

图 10-3　BIM 技术在装配式设计中的流程

2.高速铁路装配式桥梁智慧生产阶段

智慧生产是指装配式构件的工厂化生产，智慧工厂主要是智能化的生产设备及物联网技术下生产过程和生产信息的互通互联。

1）智慧工厂管理平台实时获取生产设备、物料、成品等相互之间的动态生产数据，工厂实现 24h 监测。

2）设备间采用数控机床、机器人等高度智能化的自动化生产线，工厂可实现客户个性化定制和柔性生产需求。

3）智能物流仓储系统实现仓库管理各环节数据的实时录入，移动设备实时采集预制构件仓储信息，实现快速安排运输及对货物出入库的高效管理。

PKPM 装配式智慧工厂管理平台，可以实现预制构件的智能化加工生产，将每个构件进行 ID 识别码编制，作为构件唯一的"身份证"，在预制构件生产、运输存放、装配施工，包括现浇构件施工中保证各类信息跨阶段无损传递。

在预制构件内，利用相关的读写设备将构件的编码输入 RFID 的芯片中，在预制构件内，RFID 电子芯片对构件进行全过程的定位追踪、跟踪，以及管理预制构件的生产、出厂、运输、进场、吊装、灌浆各环节，实现了装配式桥梁预制构件的全生命周期信息管理，如图 10-4 所示。

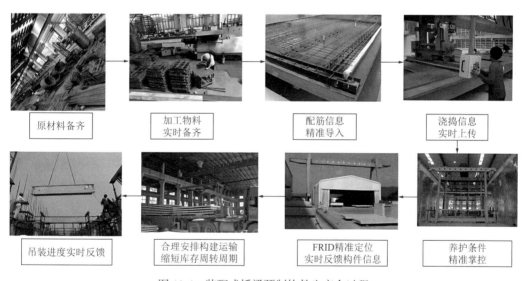

图 10-4　装配式桥梁预制构件生产全过程

3.高速铁路装配式桥梁智慧施工管理阶段

在施工管理阶段，智慧建造技术将工程建造技术与现代信息技术的结合可有效提升施工质量，实现施工的精细化管控，紧密围绕"人、机、料、法、环"等关键要素，综合运用各类信息化技术，实现工地的智慧化管理，如图 10-5 所示。

1）劳务管理

基于物联网、互联网、大数据等技术，在劳务管理中主要使用人脸识别、线上数据采集、无线通信、人员活动状态监测等，通过网络将数据上传至智慧工地管理平台。每个工人的安全帽中自带芯片，具有身份标识的智能安全帽可以实现现场人员定位，同时可用于各工种人数、进出场时间、工人年龄、地域分布及出勤等信息的统计。

智慧工地劳务管理系统中的评价中心支持对工人进行奖励记录、惩罚记录及加入黑名单等操作，且此黑名单可以共享。工人用工评价实现了对施工用工情况的实时掌握。

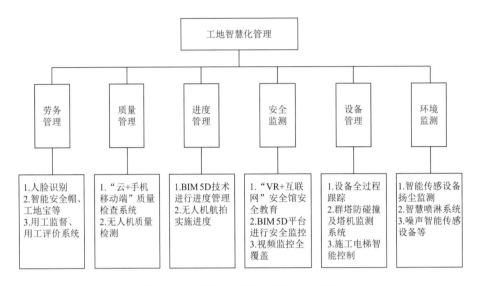

图 10-5　信息技术在施工管理中的应用

2）质量、进度、安全管理

质量、进度和安全是施工管理中最重要的模块，主要使用 BIM 5D 施工项目管理系统，采用"三端一云"模式，协助管理人员对图纸审查、工程量统计、安全、质量、进度、劳动力与机械、物资、成本等进行精细化、智慧化的管理。

在质量和安全管理中，要求项目经理及相关质量、安全负责人在每周例行检查时，利用移动终端将拍摄的现场照片和相关数据实时上传到"云平台"，定位到问题发生的位置，发给责任人及参与人整改，管理人员依据问题发生的位置，进行问题跟踪及催促。无人机和全覆盖视频监控协助对施工现场质量和安全问题进行检查，并提供可以实时访问工地情况的视频和录像。

在进度管理中，通过 BIM 软件将模型与各级进度计划相关联，同时每天的工作内容由技术负责人下达，下发施工指令到每个人的手机端口。任务执行者完成任务后及时上传实际信息，根据实际已完成的工作和计划分别生成进度曲线，实现进度的动态化管理。

3）设备管理

在设备管理中，利用摄像头和各类传感器等信息技术手段进行数据收集，将收集的现场数据实时传输至智慧工地管理平台，实现对机械设备的全过程跟踪，跟踪了解机械设备的实时工作信息及运转情况，对发生故障的设备进行及时的维修保养。

对于特种设备，如塔式起重机和施工电梯等，对操作人员实行人脸识别，避免闲杂人员操作。塔式起重机上安装感应器可及时采集起重量、起升高度、风速等关键信息，对不当操作设置报警装置，可对操作人员的违规操作及时制止并发出警报。施工电梯内设置高清显示屏，实时监控电梯的楼层、速度、重量等，避免超重引起事故。

4）环境监测

（1）扬尘监测：安装智能传感器对现场扬尘进行监测，同时可安装智慧喷淋系统，当某区域扬尘超过警戒值后，自动启动喷淋系统，同时记录喷水量，形成扬尘控制记录表，喷淋水又通过下水管进入沉淀池循环使用。

（2）噪声监测：采用噪声智能传感设备，在LED屏显示噪声数据检测情况。

（3）温度监测：使用温度传感器和红外仪对现场的温湿度进行检测和控制。

（4）能耗监测：通过数据采集，对施工区、生活区、办公区装置的智能水电表进行采集及分析，利用实时在线监测系统对建筑施工全过程的用电量、用水量进行监控，当漏水漏电时，进行报警并切断保护开关。

建筑行业的装配化时代需借助各种信息化技术实现项目的全生命周期信息化管理，同时信息化技术与建造技术融合可推动高速铁路装配式桥梁的快速发展。以BIM技术为核心集成其他信息化技术应用于高速铁路装配式桥梁施工中，对装配式桥梁建造全过程进行智能化管理，使得高速铁路具备智能、高效的生产及运行，提升决策质量和工程效率是今后装配式桥梁发展的必然趋势。现将装配式桥梁智慧建造全过程分为设计、生产、施工三个主要阶段，系统地阐述了信息技术手段与建造技术相结合在建造各阶段中的应用，构建了不同阶段基于各信息化手段的装配式桥梁智慧建造技术应用框架，可以为今后各装配式建设项目智慧建造的开展提供基本思路。

10.2　装配式桥梁智慧建造技术的应用与推广

10.2.1　创新应用

随着科技的快速发展，人工智能、物联网及大数据等先进技术应运而生，其凭借更为广泛的应用环境而被各领域及行业所吸引。在这种背景下，建筑行业也在先进工程建造技术中引入新一代技术，设计构造智能建造技术并应用于工程建设管理之中，以推动工程建设各阶段工作更高效的开展。

1.勘察设计阶段创新应用

工程建设开展前，建设方首先需要聘请专业勘察机构组织开展工程地质勘察，然后根据勘察结果进行相应工程设计。在开展勘察工作时，相应人员需要进行工程地质测绘、勘探、物探、资料内业整编、图表和勘察报告绘制等工作；在开展设计工作时，工作人员需进行方案设计、初步设计和施工图设计。随着智能技术的不断涌现，勘察设计人员能够在开展具体工作时将最新智能技术应用于地质勘察、数据收集分析及设计优化之中，增强勘察设计准确性及全面性。

1）深层地质探测。借助雷达等先进探测技术，可以对地质构造和地形条件复杂地区的施工地质状况进行深层探测，对矿物、水文、地质、地形等环境信息自动扫描识别和存储。

2）遥感大数据智能解译。基于勘测大数据和遥感观测数据，对施工区域海量的多维度勘察信息进行智能分析，实现有用设计参考数据的快速提取和勘察数据的自动分类等。

3）BIM优化设计。利用BIM与3DGIS集成技术，开发基于BIM与3DGIS集成的铁路桥梁施工管理信息系统。使 BIM 模型兼具地理空间数据，经过轻量化融合处理，为线路、桥梁等空间关系复杂的工程设计方案，提供更好的场景化体验和数字化分析工具，如图 10-6 所示。

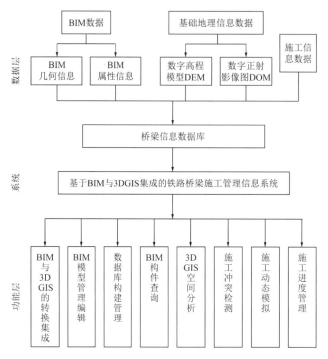

图 10-6　基于 BIM 与 3DGIS 集成的铁路桥梁施工管理信息系统架构图

2.施工建造阶段创新应用

施工图设计完成并通过审核后，业主方需聘请专业团队开展具体施工作业。在此阶段，施工团队需合理规划场地布局，准确设计各分项工程建设规划，组织协调物资调控，并对整体工程建设进行全面管控。随着智能技术不断涌现，施工方可充分利用其进行场地布局优化，加强建设物资管控，并对建设过程进行全流程管控。

1）基于 BIM 的场地布局优化

利用 BIM 模型进行现场施工场地平面布置方案的有效模拟验证，通过模拟过程分析方案的可实施性，预先发现方案中的问题，在方案实施之前将一切不合理的隐患问题排除，合理安排加工场地、生活区、各种临时设施等功能区的位置，模拟选择出最优布置方案，确保施工的顺利进行。采用 Revit 软件构建高速铁路装配式桥梁的 BIM 模型，并按照设计要求添加桥梁属性信息，构建后的部分模型如图 10-7 所示。

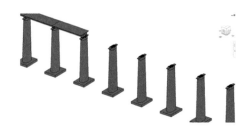

图 10-7　桥梁的 BIM 模型

2）基于物联网技术强化材料管理

物联网的射频识别技术（RFID）能够快速、实时、准确采集与处理建筑材料信息，将电子标签或 RFID 芯片在生产阶段植入构件或原材料，采用 RFID 电子标签的阅读器在材料运输、进场、出入库时对其信息快速读取，并通过物联网进行跟踪和监控，使原料管理更为便捷、准确。

RFID 技术以无限点技术为依托识别指定对象，最后加以对数据的读写操作技术。RFID 可在电子标签与读码器相隔一定距离的情况下进行，即运作过程中不需要直接接触，可以通过电磁场耦合或空间磁场交换信息。利用读码器，读写物体对象上的 RFID 标签，从而解译出有效信息。相比其他技术，RFID 拥有远程读取和辨识数据的功能。混凝土预制件 RFID 云管理平台记录预制件的生产、出厂、工厂库存、工地库存、吊装等信息，并能进行溯源管理。各阶段记录的信息及通过管理平台可查询的信息如表 10-1 所示。

预制构件管理平台信息　　　　　　　　　　　表 10-1

阶段		信息
生产	预制件	预制件名称、工厂质检时间、生产时间、生产时长
出厂	编码	出厂时间、工厂质检时间、工厂库存时间
工厂库存	预制件	库存数量
工地库存	型号	库存数量
吊装	操作者	预制件名称、工地质检时间、吊装时间 楼栋、楼层、工地库存时长、安装耗时
溯源管理		以上所有信息

3）基于人工智能的作业管理

将人工智能感知系统、可视化监控系统及 BIM 技术相结合，对施工现场安全隐患和险情进行实时监控，完成智能安全监管及处置；对重点部位自动三维建模，判断工程进度情况，提升工程项目的进度管理，实现工程进度的智能化监控，解决现场施工交底内容理解难度大、施工工艺差、加工精度低等对工程质量和施工安全有深远影响的问题，方便项目管理人员的交底工作与加工场对加工过程的实时监督，如图 10-8 所示。

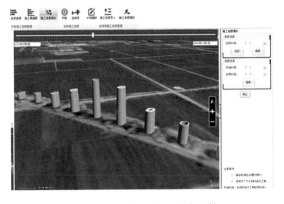

图 10-8　分阶段施工进度监控

3. 运营维护阶段创新应用

工程项目建设完成并交付使用后，业主方需要组织开展设备的维护保养，所属区域内卫生、安全的保持，基础设施的维修管理等工作。在智能技术加持下，业主方能够充分利用技术远程监督基础设施及各类设备运转状况，全面监督区域内人员流动情况，从而及时发现存在风险并做出预警。基于大数据与云计算的智能管理平台是该阶段智能建造技术的主要应用成果。基于物联网感知、视频多媒体、BIM、GIS 等各类信息，智能检索与实时分析运维阶段海量数据信息，深度挖掘数据参考价值，为运维过程优化和决策提供信息辅助。基于云计算技术，对环境、安全、设备、人员等多维多级建筑运维信息进行云端存储、快速计算、优化处理等操作，为运营单位提供监测、预警等全方位决策分析支持，提高运维和管理效率。例如，对于构件内部钢筋结构检查与维护保养，如图 10-9 所示。

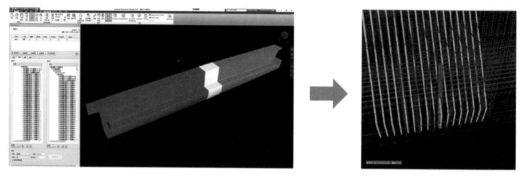

图 10-9　构件内部钢筋结构检查与维护保养

10.2.2　实际推广

近年来我国装配式桥梁建造技术获得了快速发展，拥有世界上运营里程最长、在建规模最大的高速铁路桥梁，建成了一批世界上设计荷载最大、运营速度最快的大跨度桥梁。随着国民经济的发展以及铁路网的延伸，装配式桥梁智慧建造技术还将迎来更大的机遇和挑战，将在实际运用中不断推广。

1. 开展桥梁设计方面研究推广

为进一步减小桥梁徐变变形，宜适时研究部分预应力梁的设计；为保证装配式桥梁大跨度复杂极端环境下的运营安全，应从高速行车的角度，基于车—线—桥—环境耦合分析，开展结构设计优化。为适应我国复杂的地质、地形和环境条件，开展斜拉-悬吊协作结构体系、钢-混凝土组合结构以及轻型结构桥梁等新结构的研究。

2. 开展桥梁新材料研究推广

针对复杂环境和超千米大跨桥梁建设，宜尽快开展长寿命混凝土和高耐久性钢筋混凝土结构技术研究；开展强度等级 600～800MPa 超高强度、高耐久性钢结构技术研究；开展强度等级 2100～2300MPa 超高强度钢丝和钢绞线技术研究；开展海洋环境石墨烯高耐久新材料及节能环保新技术的研发；为减轻桥梁结构自重，开展纤维复合材料研究等。

3. 开展桥梁新设备研究推广

开展大型运输、起吊和安装设备研究，开展适应各种环境、深厚覆盖层条件下的新的基础结构、施工装备及相关技术的研究，建造一批跨度 1500～2000m 铁路或公铁两用桥，以适应建设需要，为其余工程积累经验和技术储备。

4. 开展桥梁建造新技术研究推广

开展 BIM 技术在高速铁路大跨度桥梁规划、设计、施工和运营维护全寿命周期中的应用研究，加强 GPS 和遥控技术研究，推动高精度传感器、高性能监测仪器及智能机器人等技术发展，实现桥梁建设、运营维护的自动化、信息化和智能化。

10.3　装配式桥梁智慧建造技术的人才培养

装配式桥梁智能建造是将现代新技术融入传统建筑行业，是将新一代信息技术与工程建造从规划到设计，再到施工，最后到运维的全生命周期相融合的新模式。同时，智能建造的新模式不仅包括技术方面的创新，也包括管理方面的智能化，更需要加大此领域的人才培养。

10.3.1　人才需求特征

1. 学科交叉的融合能力

不仅需注重土建类基本理论与实践的学习，同时将传统学科体系与信息、控制、人工智能、材料等学科融合创新。这要求智能建造技术人才有广阔的知识面，即掌握多个学科的基本原理和使用方法，做到多学科系统性的有机融合。

2. 技术创新的科研能力

对于传统土木工程行业来说，纯技术类人才往往是企业和社会最需要的人才，但是对于智能建造专业而言并非如此。需要具有大数据、区块链等新兴技术手段思维，并且可以将多种思维模式形成综合体系框架的人才。同时这些人才对新技术有敏锐的洞察力，能迅速整合资源，将新技术移植到传统领域，进行技术迭代创新。

3. 解决问题的工程能力

智能建造技术人才需要立足实际工程，应对将来工程建造的要求，具有解决工程问题的能力。要形成以管理为方向、技术为骨架、跨学科的整体思维为核心的工程管理能力。

10.3.2　培养创新型人才

1. 正确处理好人才培养途径问题

培养智能建造创新型人才不仅可以通过新增智能建造本科专业来达成，还应重视对包括工程管理、土木工程等既有本科专业的升级改造。智能建造是个新生事物，对其的认识和研究还在不断深化和丰富。智能建造创新型人才培养目前尚无成熟的经验可循，需要产学研各界共同探索和制定人才培养方案。

目前，国内已有部分高校新设了智能建造本科专业，对于培养智能建造创新型人才将起到引领和示范作用。需要指出的是，有条件新增智能建造专业的高校毕竟有限，培养智能建造专业人才并非只有新增本科专业一条路径。对于多数高校而言，通过对工程管理、土木工程等既有本科专业升级改造，同样可以培养智能建造创新型人才。这也符合"新工科"建设精神。现有相关专业应当深入研究信息技术与工程建造深入融合的趋势，把握智能建造专业人才能力的要求，根据学校优势和专业特色优化知识结构、课程体系和教学内容，有助于其培养的专业人才应用信息技术提升工程建造能力和管理能力。

2. 强化新知识，打牢新基础

在人才培养方面，总的趋势是从本科到博士阶段全面强化基础教育和综合能力培养。每个工程学科都有其科学基础，如土木工程、机械工程、航空航天工程等都有共同的学科基础——力学，而电子信息工程类的学科基础是电磁学等。对于智能建造专业人才培养需要思考和定义其工程学科基础，明确回答培养出的人才能够解决什么样的科学问题。这涉及智能建造专业人才核心能力、培养模式等根本性问题。

土木工程类专业应该强化力学基础，掌握力学模型建模分析能力，这是衡量其专业基础是否扎实的重要标准之一。以信息技术与工程建造深度融合的智能建造不仅需要扎实的力学基础，还需要数据驱动的建模分析能力，这就涉及工程数学（包括统计学）基础。因此，对智能建造这样的新专业必须有新的认识，其工程科学基础应该包括力学和工程数学（统计学）。确定了智能建造专业的科学基础，也就明确了专业人才应当具备的知识结构以及相应的课程体系和教学内容，即给学生教什么。例如针对人工智能，是教授目前流行的卷积神经网络算法，还是教给学生学习、应用算法解决工程问题的能力，掌握知识自我更新的能力？智能建造专业人才培养应当注重优化课程体系，加强对新知识的融会贯通，打牢专业基础。

3. 建立强化工程实践的人才培养机制

工程的科学性和工程的实践性是工程专业人才培养的固有特征。工程教育培养人才不仅能够解决工程问题，还需要具备把工程中的问题上升到学术问题，形成知识、构建理论，然后再指导解决工程问题的能力。工程与科学显著的区别之一是后者有严密的理论体系和逻辑，而前者往往来自实践经验的总结。由于工程的复杂性，问题求解往往是取得正确解，而非唯一的精确解。土木工程有许多经验参数甚至是经验公式，就是来自长期工程实践的经验总结，而非严密的理论推导。这与医学临床实践有些类似，都需要大量的实践来总结规律，拿捏用药和治疗手段。如地下工程中非均质介质问题，用有限元方法去分析更多的是讲正确，但很难讲精确。这就需要加强工程实践，不断提升解决实际问题的能力。工程与科学是相辅相成的，工程实践经验经过总结得到知识，然后上升到理论，再反过来指导工程实践。

参考文献

[1] 罗齐鸣, 华建民, 黄乐鹏, 等. 基于知识图谱的国内外智慧建造研究可视化分析[J]. 建筑结构学报, 2021, 42(6): 1-14.

[2] 熊嘉阳, 沈志云. 中国高速铁路的崛起和今后的发展[J]. 交通运输工程学报, 2021, 21(5): 6-29.

[3] 吴文伶, 卢海陆, 侯保灯, 等. 铁路、水利与建筑工程领域颠覆性技术研究[J]. 中国工程科学, 2018, 20(6): 42-49.

[4] 张帅, 刘凯, 苏伟. 高速铁路钢筋套筒灌浆连接式拼装桥墩设计及建造技术研究[J]. 铁道标准设计, 2020, 64(S1): 195-200.

[5] De la Varga I, Haber Z B, Graybeal B A. Enhancing shrinkage properties and bond performance of prefabricated bridge deck connection grouts: Material and component testing[J]. Journal of Materials in Civil Engineering, 2018, 30(4): 04018053.

[6] Wang R, Ma B, Chen X. Seismic performance of pre-fabricated segmental bridges with an innovative layered-UHPC connection[J]. Bulletin of Earthquake Engineering, 2022, 20(12): 6943-6967.

[7] Wang S, Xu W, Wang J, et al. Shaking table test on seismic performance of continuous rigid frame bridge with cast-in-place and fabricated super high piers[C]//Structures. Elsevier, 2022, 46: 369-381.

[8] Wang J, Xu W, Du X, et al. Seismic performance of fabricated continuous girder bridge with grouting sleeve-prestressed tendon composite connections[J]. Frontiers of Structural and Civil Engineering, 2023, 17(6): 827-854.

[9] Deng S, Shao X, Zhao X, et al. Precast steel—UHPC lightweight composite bridge for accelerated bridge construction[J]. Frontiers of Structural and Civil Engineering, 2021, 15(2): 364-377.

[10] Fasching S J, Huber T, Rath M, et al. Semi-Precast segmental bridge construction method: experimental investigation on the shear transfer in longitudinal and transverse direction[J]. Applied Sciences, 2021, 11(12): 5502.

[11] 袁万城, 钟海强, 党新志, 等. 装配式桥墩连接形式抗震性能研究进展[J]. 东南大学学报(自然科学版), 2022, 52(3): 609-622.

[12] 李勇, 段晓峰, 王宏远. 基于分形几何的 BIM 地形模型轻量化研究[J]. 铁道建筑, 2022, 62(12): 95-100.

[13] 葛胜锦, 熊治华, 翟敏刚, 等. 中小跨径混凝土连续梁桥地震易损性研究[J]. 公路交通科技, 2013, 30(7): 60-65.

[14] 叶以挺, 吴刚, 汪建群, 等. 某混凝土桥梁上下部结构全预制拼装施工关键技术[J]. 公路工程, 2019, 44(3): 117-122, 142.

[15] 郑永峰, 郭正兴, 张新. 套筒内腔构造对钢筋套筒灌浆连接黏结性能的影响[J]. 建筑结构学报, 2018, 39(9): 158-166.

[16] 杜青, 罗亚林, 卿龙邦. 基于 SEA 的混凝土桥墩力学性能研究[J]. 重庆交通大学学报(自然科学版), 2022, 41(8): 88-94.

[17] 刘世佳, 田圣泽, 袁万城. 高墩桥梁减隔震设计的一种新思路—新型高墩隔断结构体系[J]. 结构工程师, 2015, 31(3): 82-87.

[18] 韩忠华, 王振凯, 高超, 等. 新型建筑材料与智慧建造技术发展综述[J]. 材料导报, 2020, 34(S2): 1295-1298.

[19] Zhang J, El-Gohary N M. Semantic NLP-based information extraction from construction regulatory documents for automated compliance checking[J]. Journal of Computing in Civil Engineering, 2016, 30(2): 04015014.

[20] Zhang J, El-Gohary N M. Integrating semantic NLP and logic reasoning into a unified system for fully-automated code checking[J]. Automation in construction, 2017, 73: 45-57.

[21] Zhang S, Boukamp F, Teizer J. Ontology-based semantic modeling of construction safety knowledge: Towards automated safety planning for job hazard analysis (JHA)[J]. Automation in Construction, 2015, 52: 29-41.

[22] Kebede R, Moscati A, Tan H, et al. Integration of manufacturers' product data in BIM platforms using semantic web technologies[J]. Automation in Construction, 2022, 144: 104630.

[23] Akanbi T, Zhang J S. Design information extraction from construction specifications to support cost estimation[J]. Automation in Construction, 2021, 131: 103835.

[24] Ren R, Zhang J S. Semantic rule-based construction procedural information extraction to guide jobsite sensing and monitoring[J]. Journal of Computing in Civil Engineering, 2021, 35(6): 04021026.

[25] Kim S K, Russell J S, Koo K J. Construction robot path-planning for earthwork operations[J]. Compute Civil Engineering, 2003, 17(2): 97-104.

[26] Lublasser E, Adams T, Vollpracht A, et al. Robotic application of foam concrete onto bare wall elements-Analysis, concept and robotic experiments[J]. Automation in Construction, 2018, 89: 299-306.

[27] Hack N, Dorfler K, Walzer A N, et al. Structural stay-in-place formwork for robotic in situ fabrication of non-standard concrete structures: A real scale architectural demonstrator[J]. Automation in Construction, 2020, 115: 103197.

[28] Lakshmanan A K, Elara M R, Ramalingm B, et al. Complete coverage path planning using reinforcement learning for Tetromino based cleaning and maintenance robot[J]. Automation in Construction, 2020, 112: 103078.

[29] Zhou T Y, Zhu Q, DU J. Intuitive robot teleoperation for civil engineering operations with virtual reality and deep learning scene reconstruction[J]. Advanced Engineering Informatics, 2020, 46: 101170.

[30] Liu Y Z, Habibnezhad M, Jebelli H. Brain-computer interface for hands-free teleoperation of construction robots[J]. Automation in Construction, 2021, 123: 103523.

[31] Kim D, Lee S, Kamat V R. Proximity prediction of mobile objects to prevent contact-driven accidents in co-robotic construction[J]. Journal of Computing in Civil Engineering, 2020, 34(4): 04020022.

[32] 王钟箐, 胡强. BIM 技术在建筑项目智慧建造中的应用[J]. 工业建筑, 2023, 53(1): 246.

[33] Lin J R, Hu Z Z, Zhang J P, et al. A natural-language-based approach to intelligent data retrieval and representation for cloud BIM[J]. Computer-Aided Civil and Infrastructure Engineering, 2016, 31(1): 18-33.

[34] Wu L T, Lin J R, Leng S, et al. Rule-based information extraction for mechanical-electrical-plumbing-specific semantic web[J]. Automation in Construction, 2022, 135: 104108.

[35] Li C Z, Xue F, Li X, et al. An internet of things-enabled BIM platform for on-site assembly services in prefabricated construction[J]. Automation in Construction, 2018, 89: 146-161.

[36] Tang L E, Chen C, Li H T, et al. Developing a BIM GIS-Integrated method for urban underground piping management in China: A Case Study[J]. Journal of Construction Engineering and Management, 2022, 148(9): 05022004.

[37] Kim M K, Cheng J C P, Sohn H, et al. A framework for dimensional and surface quality assessment of precast concrete elements using BIM and 3D laser scanning[J]. Automation in Construction, 2015, 49: 225-38.

[38] Chen J J, Lu W S, Lou J F. Automatic concrete defect detection and reconstruction by aligning aerial images onto semantic-rich building information model[J]. Computer-Aided Civil and Infrastructure Engineering, 2023, 38(8): 1079-1098.

[39] Liao W J, Lu X Z, Huang Y L, et al. Automated structural design of shear wall residential buildings using generative adversarial networks[J]. Automation in Construction, 2021, 132: 103931.

[40] Lu X Z, Liao W J, Zhang Y, et al. Intelligent structural design of shear wall residence using physics-enhanced generative adversarial networks[J]. Earthquake Engineering & Structural Dynamics, 2022, 51(7): 1657-1676.

[41] Zheng Z, Zhou Y C, Lu X Z, et al. Knowledge-informed semantic alignment and rule interpretation for automated compliance checking[J]. Automation in Construction, 2022, 142: 104524.

[42] Zhou Y C, Zheng Z, Lin J R, et al. Integrating NLP and context-free grammar for complex rule interpretation towards automated compliance checking[J]. Computers in Industry, 2022, 142: 103746.

[43] Ji Y C, Kim Y J. State-of-the-art review of bridges under rail transit loading[J]. Proceedings of the

Institution of Civil Engineers-Structures and Buildings, 2019, 172(6): 451-466.

[44] Lee Y S, Kim S H. Structural analysis of 3D high-speed train-bridge interactions for simple train load models[J]. Vehicle System Dynamics, 2010, 48(2): 263-281.

[45] Cho J R, Jung K, Cho K, et al. Determination of the optimal span length to minimize resonance effects in bridges on high-speed lines[J]. Proceedings of the Institution of Mechanical Engineers Part F-Journal of Rail and Rapid Transit, 2016, 230(2): 335-344.

[46] Wang J, Cui C X, Liu X, et al. Dynamic impact factor and resonance analysis of curved intercity railway viaduct[J]. Applied Sciences-Basel, 2022, 12(6): 2978.

[47] Youcef K, Sabiha T, El Mostafa D, et al. Dynamic analysis of train-bridge system and riding comfort of trains with rail irregularities[J]. Journal of Mechanical Science and Technology, 2013, 27: 951-962.

[48] Norton T R, Lashgari M, Mohseni M. Multimode dynamic response of railway bridge superstructures to high-speed train loads[J]. Proceedings of the Institution of Mechanical Engineers Part F-Journal of Rail and Rapid Transit, 2014, 228(7): 744-758.

[49] Pradelok S, Jasinski M, Kocanski T, et al. Numerical determination of dynamic response of the structure on the example of arch bridge[J]. Procedia engineering, 2016, 161: 1084-1089.

[50] Yang X M, Yi T H, Qu C X, et al. Modal identification of high-speed railway bridges through free-vibration detection[J]. Journal of Engineering Mechanics, 2020, 146(9): 04020107.

[51] Bebiano R, Calçada R, Camotim D, et al. Dynamic analysis of high-speed railway bridge decks using generalised beam theory[J]. Thin-Walled Structures, 2017, 114: 22-31.

[52] Maeck J, De Roeck G. Experimental and numerical modal analysis of a concrete high speed train railway bridge; proceedings of the International Symposium on Modern Concrete Composites and Infrastructures (MCCI 2000), Beijing, Peoples R China, F Nov 30-Dec 02, 2000[C]. 2000.

[53] Kaloop M R, Hu J W, Elbeltagi E. Evaluation of high-speed railway bridges based on a nondestructive monitoring system[J]. Applied Sciences, 2016, 6(1): 24.

[54] Ju S H. Improvement of bridge structures to increase the safety of moving trains during earthquakes[J]. Engineering Structures, 2013, 56: 501-508.

[55] Zhu Z, Tang Y, Ba Z, et al. Seismic analysis of high-speed railway irregular bridge-track system considering V-shaped canyon effect[J]. Railway Engineering Science, 2022, 30(1): 57-70.

[56] Li H, Yu Z, Mao J, et al. Nonlinear random seismic analysis of 3D high-speed railway track-bridge system based on OpenSEES[C]//Structures. Elsevier, 2020, 24: 87-98.

[57] Yu J, Zhou W, Jiang L. Study on the estimate for seismic response of high-speed railway bridge-track system[J]. Engineering Structures, 2022, 267: 114711.

[58] Yang X, Wang H, Jin X L. Numerical analysis of a train-bridge system subjected to earthquake and running safety evaluation of moving train[J]. Shock and Vibration, 2016, 2016: 1-15.

[59] 辛学忠, 张玉玲, 戴福忠, 等. 铁路列车活载图式[J]. 中国铁道科学, 2006,(2): 31-36.

[60] 戴公连, 刘文硕, 李玲英. 关于高速铁路中小跨度桥梁设计活载模式的探讨[J]. 土木工程学报, 2012, 45(10): 161-168.

[61] Du X T, Xu Y L, Xia H. Dynamic interaction of bridge-train system under non-uniform seismic ground motion[J]. Earthquake Engineering & Structural Dynamics, 2012, 41(1): 139-157.

[62] Ju S H. Nonlinear analysis of high-speed trains moving on bridges during earthquakes[J]. Nonlinear Dynamics, 2012, 69: 173-183.

[63] Yan B, Dai G, Zhang H. Beam-track interaction of high-speed railway bridge with ballast track[J]. Journal of Central South University, 2012, 19(5): 1447-1453.

[64] Yan B, Dai G. Seismic pounding and protection measures of simply-supported beams considering interaction between continuously welded rail and bridge[J]. Structural Engineering International, 2013, 23(1): 61-67.

[65] Ding S S, Li Q, Tian A Q, et al. Aerodynamic design on high-speed trains[J]. Acta Mechanica Sinica, 2016, 32: 215-232.

[66] 李人宪, 赵晶, 张曙, 等. 高速列车风对附近人体的气动作用影响[J]. 中国铁道科学, 2007,(5): 98-104.

[67] 戴公连, 郑鹏飞, 闫斌, 等. 日照作用下箱梁桥上无缝线路纵向力[J]. 浙江大学学报(工学版), 2013, 47(4): 609-614.

[68] Gutman G, Ignatov A. The derivation of the green vegetation fraction from NOAA/AVHRR data for use in numerical weather prediction models[J]. International Journal of remote sensing, 1998, 19(8): 1533-1543.

[69] 中华人民共和国住房和城乡建设部. 建筑桩基技术规范: JGJ 94—2008[S]. 北京: 中国建筑工业出版社, 2008.

[70] 方色刚. 长螺旋干作业钻孔压浆桩的认识[J]. 福建建筑, 2008,(7): 50-51.

[71] 张鸿, 王敏, 郑和晖. 节段预制拼装波腹板组合结构桥梁工艺试验[J]. 中外公路, 2017, 37(1): 94-97.

[72] 张鸿, 郑和晖, 陈鸣. 波形钢腹板组合箱梁桥节段预制拼装工艺试验[J]. 桥梁建设, 2017, 47(1): 82-87.

[73] 张信, 路致远. 节段桥梁的设计及施工工艺探究[J]. 太原城市职业技术学院学报, 2016,(1): 155-156.

[74] 中华人民共和国生态环境部. 建筑施工场界环境噪声排放标准: GB 12523—2011[S]. 北京: 中国环境科学出版社, 2011.

[75] 中华人民共和国生态环境部. 污水综合排放标准: GB 8978—1996[S]. 北京: 中国标准出版社, 1998.

[76] 可淑玲. 建筑工程绿色施工评价标准的改进与完善[J]. 工程经济, 2017, 27(3): 69-73.

[77] 王佩建. 浅谈建筑施工企业的文明施工管理[J]. 建材技术与应用, 2007,(2): 47-48.

[78] 于顺游. 生产现场管理的定置管理方法[J]. 辽宁经济, 2006,(8): 81.

[79] 肖智军. 现场管理的三大工具——标准化·目视管理·管理看板[J]. 企业管理, 2003(11): 65-71.

[80] 杨岭, 何厚全, 丁小虎, 等. 网格化建筑施工安全监管模式的协同机制研究[J]. 建筑经济, 2013,(3): 13-16.

[81] 刘珊珊, 郑旺. 民用建筑"四节一环保"大数据质量保障机制研究[J]. 建筑科学, 2020, 36(S2): 298-304.

[82] 石振武, 华树新. 基于灰色聚类法的季冻区公路绿色施工评价体系研究[J]. 公路工程, 2019, 44(2): 73-79.

[83] 陈文宝, 魏志松, 张航, 等. BIM 技术在装配式桥梁工程中的应用[J]. 北京交通大学学报, 2019, 43(4): 65-70.

[84] 崔庆宏, 李敏, 陈雨田, 等. 施工企业智慧建造效益评价研究[J]. 沈阳建筑大学学报(社会科学版), 2022, 24(1): 69-74.

[85] 吕志方. 基于长江航道要素智能感知与融合技术及综合应用项目的环境溢出效益分析[J]. 水运管理, 2016, 38(8): 5-8.

[86] 贾美珊. 智慧工地建设影响因素分析及改进建议研究[D]. 济南: 山东建筑大学, 2020.

[87] 中华人民共和国住房和城乡建设部. 建筑工程绿色施工规范: GB/T 50905—2014[S]. 北京: 中国建筑工业出版社, 2014.

[88] 袁竞. 装配式建筑综合效益分析[D]. 唐山: 华北理工大学, 2019.

[89] 丁孜政. 绿色建筑增量成本效益分析[D]. 重庆: 重庆大学, 2014.

[90] 孙策. 城市桥梁预制装配化绿色建造技术应用与发展[J]. 世界桥梁, 2021, 49(1): 39-44.

[91] 谢轶莎, 彭雄, 李颖, 等. 装配式轻钢轻混房屋及智慧建造技术体系研究[J]. 施工技术(中英文), 2022, 51(22): 12-16.

[92] 姜早龙, 臧格格. 桥梁工程装配式智能建造全过程管理研究[J]. 公路工程, 2021, 46(4): 39-45.

[93] 李久林, 王忠铖, 田军, 等. 智能建造背景下的智慧工地发展与实践研究[J]. 建筑技术, 2023, 54(6): 645-648.

[94] 黄奇帆. 聚焦"双循环"格局下建筑产业数字化发展[J]. 建筑, 2021,(22): 14-16.

[95] 徐牧野, 李文, 王浩, 等. 一体化条件下装配式框架建筑高效技术的设计与应用[J]. 施工技术, 2020, 49(5): 1-6.

[96] 董晶. 信息技术下装配式建筑智慧建造体系构建[J]. 城市建筑, 2022, 19(16): 164-166.